建设工程消防设计审查验收培训系列

建设工程消防验收必读

主编　田玉敏

应 急 管 理 出 版 社

· 北　京 ·

图书在版编目（CIP）数据

建设工程消防验收必读/田玉敏著．--北京：应急
管理出版社，2020
建设工程消防设计审查验收培训系列
ISBN 978-7-5020-7722-8

Ⅰ.①建…　Ⅱ.①田…　Ⅲ.①建筑工程—消防—
工程验收—技术培训—教材　Ⅳ.①TU892

中国版本图书馆 CIP 数据核字(2019)第 222436 号

建设工程消防验收必读（建设工程消防设计审查验收培训系列）

主　　编	田玉敏
责任编辑	唐小磊
编　　辑	梁晓平
责任校对	邢蕾严
封面设计	罗针盘

出版发行	应急管理出版社（北京市朝阳区芍药居 35 号　100029）
电　　话	010-84657898（总编室）　010-84657880（读者服务部）
网　　址	www.cciph.com.cn
印　　刷	北京市庆全新光印刷有限公司
经　　销	全国新华书店

开　　本	710mm×1000mm$^1/_{16}$	印张	17$^1/_4$	字数	313 千字
版　　次	2020 年 3 月第 1 版　2020 年 3 月第 1 次印刷				
社内编号	20193003		定价	69.00 元	

编写人员名单

主　　编　　田玉敏
参编人员　　田俊静　　刘宸志　　杨艳军　　陈　启
　　　　　　　　陈美合　　蔡晶菁

前　　言

2018 年，我国消防体制改革进入了历史性的深化阶段。

2018 年 10 月 9 日，公安消防部队集体转隶应急管理部。至此，消防工作走上了职业化的道路。

2019 年 4 月 23 日，第十三届全国人民代表大会常务委员会第十次会议通过了最新修改的《消防法》，调整了建设工程消防设计审查验收的主管部门，进一步明确：建筑消防工程的审查验收由住房和城乡建设部承担。

根据住房和城乡建设部及应急管理部要求，2019 年 7 月 1 日，住房和城乡建设部门正式接手消防审查验收工作，翻开了我国消防管理崭新的一页。

为了帮助进入新工作岗位的工程师、消防管理人员尽快适应工作，我们组织高校名师，长期从事消防建审、验收工作的工程师、高级消防操作员等编写了建设工程消防设计审查验收培训系列丛书。该套丛书总结了前人的工作经验，提炼了常用消防技术标准的要点与方法，以给从事消防设计审查、验收等相关工作的人员提供有力帮助。

建设工程消防验收工作是一项实践性、原则性都很强的工作，主要包括建筑防火工程验收、消防设施功能检测与验收等具体工作。这项工作的主要目的是检验施工、安装质量等级，以及施工质量与建筑设计的符合程度。因此，消防验收是建筑投入使用前的最后一道"隐患屏障"，可以识别建筑设计、施工中存在的"先天火灾隐患"，并及时消除。

《建设工程消防验收必读》一书，以《建设工程消防验收评定规则》(GA 836—2016) 为依据，对消防验收工作中常用的消防技术标准进行了归纳总结，给出了主要验收内容、验收要点、对应的规范条目，增加了必要的配图，使知识点通俗易懂。同时，对在从事消防验收工作中可能遇到的难点问题，进行了深入浅出的剖析。

本书由中国人民警察大学田玉敏教授、博士主编。田玉敏教授编写了第一章、第二章，并负责全书的统稿工作；陈美合高级消防设施操作员编写了第三章第一节、第二节、第八节、第十二节；福建消防救援总队防火监督部蔡晶菁高级工程师编写了第三章第三节、第九节；中国人民警察大学刘宸志讲师编写了第三章第六节、第七节；中国人民警察大学田俊静副教授编写了第三章第四节、第五节、第十节；苏州消防支队防火处杨艳军工程师编写了第四章；武汉消防支队防火处陈启工程师编写了第三章第十一节、第五章。

本书也可以作为高校建筑专业、土木工程专业大学生及注册消防工程师等学习的辅助教材。

本书在编写过程中，景绒教授、张学魁教授等许多消防知名专家提出了宝贵意见，在此表示诚挚的谢意；另外，也得到了应急管理部消防救援局、天津消防科研所、中国人民警察大学等单位有关领导、专家的大力帮助，在此一并表示衷心的感谢。

由于编者水平有限，书中难免存在疏漏和不足之处，恳请广大读者批评指正。

编　者

2020 年 2 月

目　　次

第一章　建设工程消防验收概论

消防工程的竣工验收是各类建筑交付使用前的重要技术保障工作，通过技术检测、竣工验收，能够统一标准，规范施工行为，及时发现消防设施施工中的质量问题，保障消防设施应有效能的最好发挥。

第一节　消防验收基本原则

一、建设工程消防设计审查和验收概述

2019 年 4 月 23 日，第十三届全国人民代表大会常务委员会第十次会议通过了最新修改的《消防法》，调整了建设工程消防设计审查和验收的主管部门，进一步明确：建设工程消防设计审查和验收由住房和城乡建设部承担。

（一）住房和城乡建设部门已经接手消防审查验收工作

2019 年 4 月 1 日，根据住房和城乡建设部及应急管理部要求，建设工程消防设计审查验收工作将由住房和城乡建设主管部门承接。

2019 年 7 月 1 日，是住房和城乡建设部门接手消防审查验收的首日。

（二）住房和城乡建设部发布《建设工程消防设计审查和验收管理规定（征求意见稿）》

2019 年 5 月初，住房和城乡建设部根据《建筑法》及新《消防法》《建设工程质量管理条例》等法律行政法规，在《建设工程消防监督管理规定》(公安部令第 119 号）基础上，起草了《建设工程消防设计审查和验收管理规定（征求意见稿）》。该征求意见稿根据新《消防法》的变化作了一些修改，但总体变化不大。

（三）新《消防法》关于"建设工程消防设计审查和验收"的规定

新《消防法》里，关于"建设工程消防设计审查和验收"有明确的规定。尤其对于责任主体、违法行为、违法责任等，都有详细的规定，见表1-1。

表1-1　新《消防法》关于"建设工程消防设计审查和验收"的规定

责任主体	违法行为	违法责任
建设单位	（1）依法应当进行消防设计审查的建设工程（国务院住房和城乡建设主管部门规定的11类特殊建设工程），未经依法审查或者审查不合格，擅自施工的。 （2）依法应当进行消防验收的建设工程，未经消防验收或者消防验收不合格，擅自投入使用的。 （3）11类特殊建设工程以外的其他建设工程验收后经依法抽查不合格，不停止使用的	由住房和城乡建设主管部门、消防救援机构按照各自职权责令停止施工、停止使用或者停产停业，并处3万元以上30万元以下罚款（新《消防法》第五十八条）
建设单位	建设单位未依照本法规定在验收后报住房和城乡建设主管部门备案的	由住房和城乡建设主管部门责令限期改正，处5000元以下罚款（新《消防法》第五十八条）
建设单位	要求建筑设计单位或者建筑施工企业降低消防技术标准设计、施工	由住房和城乡建设主管部门责令改正或者停止施工，并处1万元以上10万元以下罚款（新《消防法》第五十九条）
设计单位	不按照消防技术标准强制性要求进行消防设计	
建筑施工企业	不按照消防设计文件和消防技术施工标准，降低消防施工质量的	
工程监理单位	与建设单位或者建筑施工企业串通，弄虚作假，降低消防施工质量的	
审验人员	（1）对不符合消防安全要求的消防设计文件、建设工程、场所准予审查合格、消防验收合格、消防安全检查合格的。 （2）无故拖延消防设计审查、消防验收、消防安全检查，不在法定期限内履行职责的。 （3）利用职务为用户、建设单位指定或者变相指定消防产品的品牌、销售单位或者消防技术服务机构、消防设施施工单位	尚不构成犯罪的，依法给予处分（新《消防法》第七十一条）

二、住房和城乡建设部关于"建设工程消防设计审查和验收"的原则

（一）总体原则

（1）为保证工作的连续性、稳定性、有效性，关于建设工程消防设计审查、

验收、备案、抽查的工作方式和运行机制，基本沿用公安消防部门的管理模式。同时，根据新《消防法》，取消现有的消防设计备案和抽查。

（2）根据优化营商环境、工程建设项目审批制度改革等工作部署，增加施工图联合审查、建设工程联合验收的内容。

根据《国务院办公厅关于全面开展工程建设项目审批制度改革的实施意见》的要求，在建设工程消防设计审查环节增加"消防设计审查机关可以通过政府购买服务等方式，委托具备专业技术能力的机构对消防设计文件进行审查"的内容；在消防验收环节增加"实行规划、土地、消防、人防、档案等事项限时联合验收的建设工程，由地方人民政府指定的部门统一出具验收意见"的内容。

（3）根据国务院关于精简证明事项的要求，减少申请人需要提交的证明材料。

（4）对其他法律法规，如行政复议法、行政处罚法等已有规定的内容，不再重复表述。

（二）消防设计审查与验收

1. 11 类特殊建设工程需要申请消防设计审查

对具有下列情形之一的特殊建设工程，建设单位应当向县级以上地方人民政府住房和城乡建设主管部门（简称消防设计审查机关）申请消防设计审查，详见表 1-2。

表 1-2　需要申请消防设计审查的 11 类特殊建设工程

序号	建筑总面积 S/ m^2	对 应 场 所
1	＞20000	体育场馆、会堂，公共展览馆、博物馆的展示厅
2	＞15000	民用机场航站楼、客运车站候车室、客运码头候船厅
3	＞10000	宾馆、饭店，商场、市场
4	＞2500	影剧院，公共图书馆的阅览室，营业性室内健身、休闲场馆，医院的门诊楼，大学的教学楼、图书馆、食堂，劳动密集型企业的生产加工车间，寺庙、教堂
5	＞1000	托儿所、幼儿园的儿童用房，儿童游乐厅等室内儿童活动场所，养老院、福利院，医院、疗养院的病房楼，中小学校的教学楼、图书馆、食堂，学校的集体宿舍，劳动密集型企业的员工集体宿舍

表 1-2（续）

序号	建筑总面积 $S/$ m²	对 应 场 所
6	> 500	歌舞厅、录像厅、放映厅、卡拉 OK 厅、夜总会、游艺厅、桑拿浴室、网吧、酒吧，具有娱乐功能的餐馆、茶馆、咖啡厅
7		国家机关办公楼、电力调度楼、电信楼、邮政楼、防灾指挥调度楼、广播电视楼、档案楼
8		上述 7 类特殊建设工程规定以外的单位建筑面积 > 40000 m² 或建筑高度 > 50 m 的其他公共建筑
9		国家标准规定的一类高层住宅建筑
10		城市轨道交通、隧道工程，大型发电、变配电工程
11		生产、储存、装卸易燃易爆危险物品的工厂、仓库和专用车站、码头，易燃易爆气体和液体的充装站、供应站、调压站

2. 11 类特殊建设工程需要申请消防验收

表 1-2 中 11 类特殊建设工程，建设单位应当在建设工程竣工后向消防设计审查机关申请消防验收。

（1）申请消防验收，应当提交的材料：建设工程消防验收申请表，有关消防设施的工程竣工图纸，符合要求的检测机构出具的消防设施及系统检测合格文件。

（2）消防设计审查机关应当自受理消防验收申请之日起 20 个工作日内组织消防验收，并出具消防验收意见。

实行规划、土地、消防、人防、档案等事项限时联合验收的建设工程，由地方人民政府指定的部门统一出具验收意见。

生产工艺和物品有特殊灭火要求的，应在验收前征求应急管理部门消防救援机构的意见。

（3）消防设计审查机关对申请消防验收的建设工程，应当依照建设工程消防验收评定标准对消防设计审查合格的内容组织消防验收。

对综合评定结论为合格的建设工程，消防设计审查机关应当出具消防验收合格意见；对综合评定结论为不合格的，应当出具消防验收不合格意见，并说明理由。

（三）消防验收备案抽查

1. 消防验收备案

（1）11类特殊建设工程之外的建设工程，应当进行消防验收备案。

建设单位应当在工程竣工验收合格之日起7个工作日内，向县级以上地方人民政府住房和城乡建设主管部门（简称消防验收备案机关）消防验收备案。

建设单位在进行建设工程消防验收备案时，应当提交工程消防验收备案表、有关消防设施的工程竣工图纸、符合要求的检测机构出具的消防设施及系统检测合格文件。

（2）依法不需要取得施工许可的建设工程，可以不进行消防验收备案。

（3）消防验收备案机关对备案材料齐全的，应当出具备案凭证；备案材料不齐全或者不符合法定形式的，应当一次性告知需要补正的全部内容。

2. 备案抽查

（1）消防验收备案机关应当在已经备案的建设工程中，随机确定检查对象并向社会公告。

（2）对确定为检查对象的，消防验收备案机关应当在20个工作日内按照建设工程消防验收评定标准完成工程检查，制作检查记录。检查结果应当向社会公告，检查不合格的，还应当书面通知建设单位。

（3）建设单位收到通知后，应当停止使用建设工程，组织整改后向消防验收备案机关申请复查。消防验收备案机关应当在收到书面申请之日起20个工作日内进行复查并出具书面复查意见。

（4）建设单位未依照规定进行建设工程消防验收备案的，消防验收备案机关应当依法处罚，责令建设单位在5个工作日内备案，并确定为检查对象；对逾期不备案的，消防验收备案机关应当在备案期限届满之日起5个工作日内通知建设单位停止使用建设工程。

三、消防验收的程序与内容

（一）消防验收概念

消防验收，即消防工程的竣工验收，是各类建筑交付使用前的重要技术保障工作，通过技术检测、竣工验收，能够统一标准，规范施工行为，及时发现消防设施施工中的质量问题，保障消防设施应有效能的最好发挥。

（二）消防验收（竣工备案）需要提供的资料

申请消防验收，应当提交下列材料：

（1）建设工程消防验收申请表。

（2）有关消防设施的工程竣工图纸。

（3）符合要求的检测机构出具的消防设施及系统检测合格文件。

（三）消防验收程序的步骤

消防验收程序主要有以下几个步骤：

（1）工程完工后，要投入正常使用，有关单位要向住房和城乡建设部消防机构提交工程竣工消防验收申请。

（2）消防机构受理申请后，申请人提交相关资料，机构工作人员审核资料是否符合要求，资料不全的应及时通知补全。

（3）审核通过，机构工作人员会通知申请人消防验收时间并提醒申请人提前做好验收准备。

（4）有关文件规定，消防验收时，到场的消防监督员要多于2人以上。

（5）消防验收内容基本检查完后，各单位（设计、施工、建设）提出建议和看法，消防验收人员给予答复。

（6）验收合格后，各单位负责人和消防验收人员在验收表上签字。

（7）消防验收承办人整理验收意见书归档，送上级领导审批。

（8）申请单位去消防机构取验收意见书。

（9）如果验收不合格，申请单位就要按照验收意见书进行整改，然后再次申请复验，复验程序与第一次申请验收相同。

（四）现场消防验收程序内容

现场消防验收程序内容如下：

（1）参与消防验收的单位（设计、施工、建设、监理、检测5个单位）依次介绍情况。设计单位介绍消防工程设计情况，施工单位介绍工程施工和调试情况，建设单位介绍工程概况和自检情况，监理单位介绍工程监理情况，检测单位介绍检测情况。

（2）各单位分别验收，验收人员要一边检查，一边测试，还要做好验收记录，记录要详细，并写好建议。

（3）验收完毕，各单位依次总结和汇报验收情况。总结中应该包括对各项目的评定、发现的问题以及整改意见。

（五）消防验收程序重点

（1）检查竣工图纸、资料和"建筑工程消防验收申报表"的内容及消防机构审核意见是否与工程一致。

（2）复审时，检查建设单位是否已按照初审验收意见书中的意见进行整改。

（3）检查各类消防设施、设备的施工安装质量及性能。

（4）抽查测试消防设施功能及联动情况。

（六）现场抽样检查及功能测试内容

（1）对建筑防（灭）火设施的外观进行现场抽样查看。

（2）通过专业仪器设备对涉及距离、高度、宽度、长度、面积、厚度等可测量的指标进行现场抽样测量。

（3）对消防设施的功能进行抽查测试。

（4）对消防产品进行抽查，核对其市场准入证明文件。

（5）对其他涉及消防安全的项目进行抽查、测试。

第二节　消防验收的基本方法

一、建筑防火工程验收

（一）建筑防火验收的基本方法

1. 以有关《规范》要求为依据

（1）把握相关的基本原则。

（2）熟练掌握相关的消防技术方法。

（3）熟练记忆相关的重要数据。

2. 查阅资料

需查阅的资料包括：

（1）设计文件。

（2）建筑设计图（平面图、立面图、剖面图）。

（3）施工图及施工记录等。

3. 允许误差

一般允许误差为±5%。

（1）测量参数有些是不能大于规范规定值的，即测量值的允许正偏差不得超过规定值的5%，如防火分区的面积、挡烟垂壁边沿与建筑物结构表面的最小距离等。

（2）测量参数有些是不能低于规范规定值的，即测量值的允许负偏差不得小于规定值的5%，如挡烟垂壁的搭接宽度、消防车道宽度、防火间距等。

（二）建筑防火验收中应该掌握的现场操作内容

许多消防设计在设计方面虽然没有问题，但是，在施工、安装以及在日常使用中，由于各种原因，可能已经不能正常使用或早已损坏，因此必须及时发现存在的火灾隐患，及时排除，这样才能确保消防系统的正常运行，整个建筑的消防安全水平才能有保证。

其中，钢结构防火涂料、消防电梯、防火门、防火卷帘、防火阀等是重点内容。

二、消防设施的检测与验收

（一）技术检测

消防设施检测是对消防设施的检查、测试等技术服务工作的统称。这里所指的技术检测是指消防设施施工结束后，建设单位委托具有相应资质等级的消防技术检测服务机构对消防设施施工质量进行的检查测试工作。

1. 检测准备

消防设施技术检测前，检测机构按照下列要求对各类消防设施及其检测仪器仪表进行检查：

（1）检查各类消防设施的设备及其组件的相关技术文件。

各类消防设施的设备及其组件符合设计选型，具有出厂合格证明文件，消防产品具有符合法定市场准入规定的证明文件；各类灭火剂在产品质量证明文件的有效期内。

（2）检查各类消防设施的设备及其组件的外观标志。

各类消防设施的设备及其组件的永久性铭牌和按照规定设置的标识，其文字和数据齐全，符号清晰，色标正确。

（3）检查各类消防设施的设备及其组件、材料（管道，管件，支、吊架，线槽，电线，电缆等）的外观，以及导线、电缆的绝缘电阻值和系统接地电阻值等测试记录。

各类消防设施的设备及其组件、材料的外观完好无损、无锈蚀，设备、管道无泄漏，导线和电缆的连接、绝缘性能、接地电阻等符合设计要求。

（4）检查检测用仪器、仪表、量具等的计量检定合格证书及其有效期限。

检测用仪器、仪表、量具等按照国家现行有关规定计量检定合格，并在检定合格有效期限内。

2. 检测方法及要求

消防设施技术检测时，检测机构按照下列要求和方法对各类消防设施进行技术检测：

（1）采用核对方式检查的，与经法定机构批准或者备案的消防设计文件、验收记录和国家工程建设消防技术标准等进行对比核查。

（2）按照各类消防设施施工及验收规范以及《建筑消防设施检测技术规程》（GA 503—2004）规定的内容，对各类消防设施的设置场所（防护区域）、设备及其组件、材料（管道，管件，支、吊架，线槽，电线，电缆等）进行设置场所（防护区域）安全性检查、消防设施施工质量检查和功能性试验；对于有数据测试要求的项目，采用规定的仪器、仪表、量具等进行测试。

（3）逐项记录各类消防设施检测结果以及仪器、仪表、量具等测量显示数据，填写检测记录。检测过程中，采用对讲设备进行联络；检测结束后，将各类消防设施恢复至正常工作状态。

（二）竣工验收

消防设施施工结束后，由建设单位组织设计、施工、监理等单位进行包括消防设施在内的建设工程竣工验收。消防设施竣工验收分为资料检查、施工质量现场检查和质量验收判定三个环节，消防设施竣工验收过程中，按照各类消防设施的施工及验收规范的要求填写竣工验收记录表。

1. 资料检查

消防设施竣工验收前，施工单位需要提交下列竣工验收资料，供参验单位进行资料检查：

（1）竣工验收申请报告。

（2）施工图设计文件（包括设计图纸和设计说明书等）、各类消防设施的设备及其组件安装说明书、消防设计审核意见书和设计变更通知书、竣工图。

（3）主要设备、组件、材料符合市场准入制度的有效证明文件、出厂质量合格证明文件以及现场检查（验）报告。

（4）施工现场质量管理检查记录、施工过程质量管理检查记录及工程质量事故处理报告。

（5）隐蔽工程检查验收记录以及灭火系统阀门、其他组件的强度和严密性试验记录、管道试压和冲洗记录。

2. 现场检查

现场检查的主要内容包括各类消防设施的安装场所（防护区域）及其设置位置、设备用房设置等检查，施工质量检查和功能性试验。具体包括：

（1）检查各类消防设施安装场所（防护区域）及其设置位置。

（2）检查各类消防设施外观质量。

（3）通过专业仪器设备现场测量涉及距离、宽度、长度、面积、厚度等可测量的指标。

（4）测试各类消防设施的功能。

（5）检查、测试其他涉及消防设施规定要求的项目。

各项检查项目中有不合格项时，对设备及其组件、材料（管道，管件，支、吊架，线槽，电线，电缆等）进行返修或者更换后，进行复验。复验时，对有抽验比例要求的，加倍抽样检查。

3. 质量验收判定

消防设施现场检查结束后，根据各类设施的施工及验收规范确定的工程施工质量缺陷类别，按照下列规则对各类消防设施的施工质量作出验收判定结论：

（1）消防给水及消火栓系统、自动喷水灭火系统、防烟和排烟系统和火灾自动报警系统等工程施工质量缺陷划分为严重缺陷项（A）、重缺陷项（B）和轻缺陷项（C）。

① 消防给水及消火栓系统、自动喷水灭火系统、防烟和排烟系统的工程施工质量缺陷，当 A＝0，B≤2，且 B＋C≤6 时，竣工验收判定为合格；否则，竣工验收判定为不合格。

② 火灾自动报警系统的工程施工质量缺陷，当 A＝0，B≤2，且 B＋C≤检查项的 5%时，竣工验收判定为合格；否则，竣工验收判定为不合格。

（2）泡沫灭火系统按照《泡沫灭火系统施工及验收规范》（GB 50281—2006）的规定进行竣工验收，当其功能验收不合格时，系统验收判定为不合格。

（3）气体灭火系统按照《气体灭火系统施工及验收规范》（GB 50263—2007）的规定进行竣工验收，当其验收项目有一项为不合格时，系统验收判定为不合格。

三、消防验收依据

（一）新《消防法》

新《消防法》规定，建设工程的消防设计、施工必须符合国家工程建设消防技术标准。这也是消防验收必须遵守的最高法律。

（二）《建筑法》

《建筑法》规定，建筑活动应当确保建筑工程质量和安全，符合国家的建筑工程安全标准；从事建筑活动应当遵守法律、法规和工程建设强制性标准，不得损害社会公共利益和他人的合法权益。

（三）《建设工程消防验收评定规则》（GA 836—2016）

《建设工程消防验收评定规则》（GA 836—2016）是中华人民共和国公共安全行业标准，是消防验收的主要依据之一。

（四）建设工程消防监督管理规定（2019 年 6 月）

（1）明确了需要审查、验收的建筑类别。

（2）明确了不同人员、单位的责任。

（五）建筑防火设计规范

（1）《建筑设计防火规范》（GB 50016—2014，2018 年版），该标准简称为《建规》。

（2）《建筑内部装修设计防火规范》（GB 50222—2017），该标准简称为《内装修》。

（3）《建筑内部装修防火施工及验收规范》（GB 50354—2005），该标准简称为《内装修验收》。

（4）《汽车库、修车库、停车场设计防火规范》（GB 50067—2014）。

（5）《人民防空工程设计防火规范》（GB 50098—2009），该标准简称为《人防》。

（6）《石油化工企业设计防火标准》（GB 50160—2008，2018 年版）。

（7）《石油天然气工程设计防火规范》（GB 50183—2004）。

（8）《火力发电厂与变电站设计防火标准》（GB 50229—2019）。

（9）《飞机库设计防火规范》（GB 50284—2008）。

（10）《防火卷帘、防火门、防火窗施工及验收规范》（GB 50877—2014）。

（六）消防设施规范

（1）《火灾自动报警系统设计规范》（GB 50116—2013），该标准简称为《报警设计》。

（2）《火灾自动报警系统施工及验收规范》（GB 50166—2007），该标准简称为《报警验收》。

（3）《自动喷水灭火系统设计规范》（GB 50084—2017）。

（4）《自动喷水灭火系统施工及验收规范》（GB 50261—2017），该标准简称为《自喷》。

（5）《水喷雾灭火系统技术规范》（GB 50219—2014），该标准简称为《水喷雾》。

（6）《固定消防炮灭火系统设计规范》（GB 50338—2003）。

（7）《固定消防炮灭火系统施工及验收规范》（GB 50498—2009）。

（8）《建筑灭火器配置设计规范》（GB 50140—2005），该标准简称为《设计》。

（9）《干粉灭火系统设计规范》（GB 50347—2004），该标准简称为《干粉设计》。

（10）《细水雾灭火系统技术规范》（GB 50898—2013），该标准简称为《细水雾》。

（11）《二氧化碳灭火系统设计规范》（GB 50193—1993，2010 年版）。

（12）《气体灭火系统施工及验收规范》（GB 50263—2007），该标准简称为《气验》。

（13）《泡沫灭火系统设计规范》（GB 50151—2010）。

（14）《泡沫灭火系统施工及验收规范》（GB 50281—2006），该标准简称为《泡沫》。

（15）《消防给水及消火栓系统技术规范》（GB 50974—2014），该标准简称为《给水》。

（16）《建筑防烟排烟系统技术标准》（GB 51251—2017），该标准简称为《防排烟》。

四、消防验收工作中的技术性问题

（一）条文中的目标或性能的关系

不能简单地执行规范，而要结合建设工程的实际可行条件和标准要求的性能和目标来确定科学合理的设计。

（二）一般要求

一般要求适用于所有范围。

例如：楼梯的一般要求，针对所有类型所楼梯间全部适用。

（三）强制性条文与非强制性条文

（1）尽管注意将强制性要求与非强制性要求区别开来，但为保持条文及相关要求完整、清晰和宽严适度，使其不会因强制某一事项而忽视了其中有条件可以调整的要求，导致个别强制性条文仍包含了一些非强制性的要求。

（2）如果某一强制性条文中含有允许调整的非强制性要求时，仍可根据工程实际情况进行确定相关设计。

（四）执行条文与消防"性能化"设计的关系

掌握"性能化"设计的适用范围。

（1）具有下列情形之一的工程项目，可对其全部或部分进行消防性能化设计：

① 超出现行国家消防技术标准适用范围的。

② 按照现行国家消防技术标准进行防火分隔、防烟与排烟、安全疏散、建筑构件耐火等设计时，难以满足工程项目特殊使用功能的。

（2）不应采用性能化设计评估方法的建筑：

① 国家法律法规和现行国家消防技术标准强制性条文规定的建筑。

② 国家现行消防技术标准已有明确规定，且无特殊使用功能的建筑。

③ 居住建筑。

④ 医疗建筑、教学建筑、幼儿园、托儿所、老年人建筑、歌舞娱乐游艺场所。

⑤ 室内净高度小于 8.0 m 的丙、丁、戊类厂房和丙、丁、戊类仓库。

⑥ 甲、乙类厂房，甲、乙类仓库，可燃液体、气体储存设施及其他易燃易爆工程或场所。

（五）如何把握好条文中的不同规定性程度用词

注意："应该""严禁""不宜""可"等用词的差异。

（六）正确处理好不同规范之间的关系

掌握"建筑防火设计"规范与"消防设施"规范之间存在的关系。

（七）处理好规范、功能和安全之间的关系

设计不仅要符合规范和满足使用功能要求，更要为建筑使用时的消防安全管理创造条件。

（八）具有很强的技术性、经济性和政策性

消防验收是一项技术性、经济性和政策性都很强的工作。

五、目前消防验收工作中普遍存在的问题

（一）审核验收责任划分不明确

在建筑消防设计审查与验收工作中，设计院需要充分遵循我国出台的有关技术标准与规范，严格审查消防设计图纸文件。在建筑工程的施工中，施工单位要严格地按照消防设计图纸开展施工作业。而建筑质量监督部门则需要严格地监督工程的施工质量，确保产品质量和安装质量合格。

然而，在实际操作中，许多主管部门却忽视消防设计图纸的重要作用，对其具体的设计内容没有理解到位或随意变更。如此一来，就会造成各个相关部门在开展消防设计审查验收工作中不能够充分明确自己的职责，造成责任划分不清晰、不明确，大大降低了审查验收结果的有效性与科学性。

（二）消防产品的质量得不到有效保证

在整个建筑工程中，一般会配有自动灭火系统、自动报警系统、电气火灾监控系统等消防安全设施，这些设施设备的质量直接影响着消防工程的使用效果和系统寿命，也就是说能够决定消防工程的可靠性。一些施工单位在施工中未选择

13

质量过硬的消防产品，质量低的消防产品没有起到保护建筑物的作用，因此影响了消防安全工作的实施以及后期验收工作的开展。

（三）消防工程的隐蔽工程质量得不到保障

对于建筑的消防验收工作来说，首先会听取汇报，然后现场对消防情况进行查看，在检验评价之后完成审批工作。但是在现场的验收过程中，对于一些已经嵌入到建筑工程内部的系统如自动喷淋系统这些消防设施来说，还是难以开展有效的查验工作，对于以次充好的情况也难以进行发现。消防工程的隐蔽工程质量得不到保障是建筑消防工程验收的一个重要难题，往往一些基础性的验收手段不能发现这些问题，但是复杂性的验收手段在设备和技术方面要求高且科学性还有待验证。

（四）过于繁杂的审批流程

有些地方建筑消防审查验收没有充分发挥设计单位、施工单位、监理单位的技术优势、人才优势和管理优势，不能优质高效地保证和控制消防设施施工单位的质量。

目前，消防体制的改革，以及简化"审查验收"手续、"放管服"等措施的落实，正是为了简化审批流程，提高办事效率。

六、消防验收工作亟需解决的问题

（一）强化消防法律观念

各级政府部门需要充分发挥政府主导作用，在发展中不断地完善相关消防安全管理体制与机制，加强对消防规划的建设，有效奠定消防安全基础工作。建设项目各主管部门要依照《国务院关于加强和改进消防工作的意见》与新《消防法》的相关要求，强化建设项目人员的相关消防法律观念，消防部门需要加强与企业阐释国家的消防法律规章的意义与重要性。

（二）建立各部门同行评审和协商沟通的机制

住房和城乡建设部主管消防审查验收的部门，应积极与设计单位建立开放的沟通渠道，并提供最新的有关消防技术规范的信息，收集掌握消防设计的最新发展，共同研究解决一些国家没有定义标准的消防设计思路，以及一些新技术的应用，共同努力，确保消防设计的质量。

（三）注重提高消防验收人员的专业水平

建筑工程中的消防设计不仅仅涉及诸多技术要求，同时也涉及多种消防法律法规的要求和规范，要达到全面、有效地进行消防设计及验收检查，必须通过专门的高技术水平验收人员进行验收检查，要求验收人员不仅要熟识消防相关规范和要求，而且要熟识建筑施工技术等，只有这样才能在审核设计图纸时才能判断其是否符合设计要求，并对存在的不足提出改进的建议，才能在现场验收检查时判断消防工程是否合规合理。

因此，住房和城乡建设部门在 2019 年 7 月 1 日开始承担消防设计审验收工作之后，就必须培养一批合格的高素质验收人员。这个任务目前十分迫切。

综上所述，对建筑工程进行消防验收是必要的，这样才能更好地增强建筑的防火能力，有效地防范火灾隐患，确保建筑施工质量，确保人们的生命财产安全。相关消防监管部门需要健全制度、完善有关建设项目消防验收的相关法律与法规，切实做到有法可依、有法必依、执法必严、违法必究，确保建筑的全面消防安全，为社会经济的发展保驾护航。

第二章　建筑防火工程验收

第一节　建筑分类及耐火等级确定

建筑类别的确定应依据《建规》。其中，建筑高度及层数的确定见《建规》附录 A。

一、建筑类别的确定

消防设计验收时应该特别注意：建筑高度及层数是确定建筑类别的基础。如果建筑高度、层数确定有误，那么相应的消防设计要求截然不同，验收工作也将存在根本问题。

（一）建筑高度的确定

建筑高度的确定方法见表 2-1。

表 2-1　建筑高度的确定方法

建筑具体条件	建筑高度的确定方法
建筑屋面为坡屋面时	应为建筑室外设计地面至其檐口与屋脊的平均高度
建筑屋面为平屋面（包括有女儿墙的平屋面）时	应为建筑室外设计地面至其屋面面层的高度（图 2-1）
同一座建筑有多种形式的屋面时	应按上述方法分别计算后，取其中最大值
对于台阶式地坪	当位于不同高程地坪上的同一建筑之间有防火墙分隔，各自有符合规范规定的安全出口，且可沿建筑的两个长边设置贯通式或尽头式消防车道时（图 2-2），可分别计算各自的建筑高度；否则，应按其中建筑高度最大者确定建筑高度
局部突出屋顶的设备瞭望塔、冷却塔、水箱间、微波天线间或设施、电梯机房等辅助用房	辅助用房占屋面面积不大于 1/4 者，可不计入建筑高度
对于住宅建筑，设置在底部的房间	设置在底部且室内高度不大于 2.2 m 的自行车库、储藏室、敞开空间，室内外高差或建筑的地下或半地下室的顶板面高出室外设计地面的高度不大于 1.5 m 的部分，可不计入建筑高度

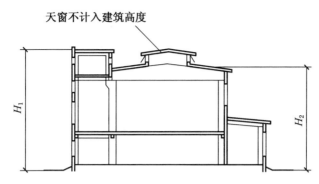

注：建筑高度取 H_1 和 H_2 中的最大值。

图 2-1 多种形式的屋面建筑高度的确定

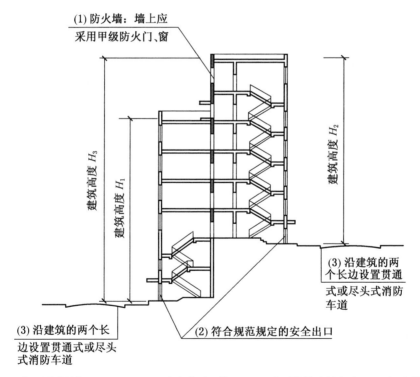

注：同时具备 (1)、(2)、(3) 三个条件时可按 H_1、H_2 分别计算建筑高度；否则，应按 H_3 计算建筑高度。

图 2-2 台阶式地坪建筑高度的确定

（二）建筑层数的确定

建筑层数应按建筑的自然层数计算，下列空间可不计入建筑层数：

（1）室内顶板面高出室外设计地面的高度不大于 1.5 m 的地下或半地下室，如图 2-3 所示。

（2）设置在建筑底部且室内高度不大于 2.2 m 的自行车库、储藏室、敞开空间，如图 2-3 所示。

（3）建筑屋顶上突出的局部设备用房、出屋面的楼梯间等。

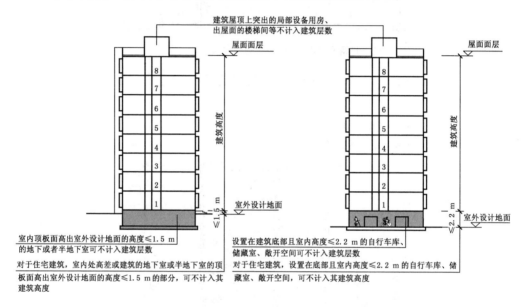

图 2-3 建筑层数的确定

二、耐火等级、层数

（一）厂房

1. 耐火等级

高层厂房，甲、乙类厂房的耐火等级不应低于二级，建筑面积不大于 300 m² 的独立甲、乙类单层厂房可采用三级耐火等级的建筑。

（1）典型厂房耐火等级要求详见《建规》3.2.1~3.2.6。

（2）不同耐火等级厂房构件耐火极限要求见《建规》3.2.9~3.2.19。

2. 层数

厂房的层数要求见表 2-2，见《建规》表 3.3.1。

表 2-2 厂 房 的 层 数

生产的火灾危险性类别	厂房的耐火等级	最多允许层数
甲	一级	宜采用单层
	二级	
乙	一级	不限
	二级	6层
丙	一级	不限
	二级	不限
	三级	2层
丁	一、二级	不限
	三级	3层
	四级	1层
戊	一、二级	不限
	三级	3层
	四级	1层

需要特别注意的是：

（1）甲类除生产必须采用多层者外，宜采用单层。

（2）甲、乙类生产场所不应设置在地下或半地下。

（二）仓库

1. 耐火等级

高架仓库、高层仓库、甲类仓库、多层乙类仓库和储存可燃液体的多层丙类仓库，其耐火等级不应低于二级。

（1）应掌握典型仓库耐火等级要求详见《建规》3.2.7、3.2.8。

（2）不同耐火等级仓库构件耐火极限要求详见《建规》3.2.9~3.2.19。

2. 层数

仓库的层数要求见表 2-3，详见《建规》表 3.3.2。

表 2-3 仓库的层数和面积

储存物品的火灾危险性类别		仓库的耐火等级	最多允许层数
甲	3、4项	一级	1层
	1、2、5、6项	一、二级	1层

表2-3（续）

储存物品的火灾危险性类别		仓库的耐火等级	最多允许层数
乙	1、3、4项	一、二级	3层
		三级	1层
	2、5、6项	一、二级	5层
		三级	1层
丙	1项	一、二级	5层
		三级	1层
	2项	一、二级	不限
		三级	3层
丁		一、二级	不限
		三级	3层
		四级	1层
戊		一、二级	不限
		三级	3层
		四级	1层

需要特别注意的是：

（1）甲类仓库只允许是单层。

（2）甲、乙类仓库不应设置在地下或半地下。

（三）民用建筑

1. 耐火等级

（1）地下或半地下建筑（室）和一类高层建筑不应低于一级。

（2）单、多层重要公共建筑和二类高层建筑不应低于二级。

① 典型公共建筑耐火等级要求详见《建规》5.1.3。

② 不同耐火等级构件耐火极限要求见《建规》5.1.4~5.1.9。

2. 层数

（1）典型公共建筑层数要求详见《建规》5.4.3~5.4.6。

（2）民用建筑当采用三级耐火等级的建筑，最多为5层；采用四级耐火等级的建筑，最多为2层。但商店建筑、展览建筑，医院和疗养院的住院部，教学建筑、食堂、菜市场，剧场、电影院、礼堂，营业厅、展览厅，托儿所、幼儿园的儿童用房和儿童游乐厅等儿童活动场所，老年人照料设施等有特殊要求，比一般民用建筑严格。

3. 居住建筑中的非住宅类

《民用建筑设计通则》(GB 50352—2005) 将民用建筑分为居住建筑和公共建筑两大类，其中居住建筑包括住宅建筑、宿舍建筑等。在防火方面，除住宅建筑外，其他非住宅类居住建筑（如宿舍、公寓等）的火灾危险性与公共建筑相近，防火要求按公共建筑的有关规定执行。

三、不同耐火等级建筑构件燃烧性能

（一）基本规律

1. 一级耐火等级

所有建筑构件均采用不燃烧体。

2. 二级耐火等级

除了吊顶可以采用难燃烧体，其他均采用不燃烧体。

3. 三级耐火等级

除屋顶承重构件、吊顶和隔墙体为难燃烧体外，其余构件都是不燃烧体。

4. 四级耐火等级

除防火墙体外，其余构件均可采用难燃烧体或燃烧体。

（二）特殊要求

（1）除规范另有规定外，以木柱承重且墙体采用不燃材料的建筑，其耐火等级应按四级确定。

（2）住宅建筑构件的耐火极限和燃烧性能可按《住宅建筑规范》(GB 50368—2005) 的规定执行。

（3）二级耐火等级建筑采用不燃材料的吊顶，其耐火极限不限。

（三）关于金属夹芯板材的使用

（1）防火墙、承重墙、楼梯间的墙、疏散走道的墙、电梯井的墙、楼板、上人的屋面板不能使用。

（2）非承重外墙、房间隔墙也不宜采用，确需采用时，夹芯材料应为 A 级，且符合构件耐火极限的要求。

四、钢结构防火涂料检查验收方法

钢结构防火涂料检查验收方法见《建筑钢结构防火技术规范》(GB 51249—2017)。

对钢结构防火涂料进行检查时，主要进行以下操作，见表 2-4。

表 2-4　钢结构防火涂料进行检查时的操作

检查内容	具 体 方 法
对比样品	（1）对于室内裸露钢结构、轻型屋盖钢结构及有装饰要求的钢结构，当规定其耐火极限在 1.50 h 及以下时，钢结构防火涂料应选用薄涂型。 （2）对于室内隐蔽钢结构、高层全钢结构及多层厂房钢结构，当规定其耐火极限在 1.50 h 以上时，钢结构防火涂料宜选用厚涂型。 （3）对于露天钢结构，钢结构防火涂料宜选用适合室外用的类型
检查涂层外观	用质量为 0.75~1 kg 的榔头轻击涂层检测其强度等。用 1 m 直尺检测涂层平整度。用黑色平绒布轻擦薄涂层表面 5 次，平绒布不变色。 薄涂层裂缝宽度不大于 0.5 mm
检查涂层厚度	用测针（厚度测量仪）检测涂层厚度：选择 5 个不同部位，求平均值作为涂层厚度。厚涂型防火涂料的最薄处厚度不低于设计要求的 85%，且厚度不足部位的连续面积的长度不大于 1 m，并且 5 m 范围内不再出现类似情况
检查膨胀倍数薄涂型（膨胀型）、超薄型防火涂料	（1）随机选取 3 个不同部位，采用磁性测厚仪测量其厚度。 （2）点燃 2 L 汽油喷灯，对准选定的 3 个部位，供火时间不低于 10 min。 （3）膨胀倍数：薄涂型（膨胀型）≥5；超薄型≥10。 用精度为 0.1 mm 的游标卡尺测量发泡层厚度，膨胀倍数用 3 个不同部位的平均值表示。膨胀倍数=试验后发泡层厚度/试验前涂层厚度

第二节　总平面布局和平面布置

总平面布局和平面布置验收应依据《建规》。

一、常见企业总平面的布局

（一）石油化工企业

1. 企业区域规划

根据工厂的生产流程及各组成部分的生产特点和火灾危险性，结合地形、风向等条件，检查企业的功能分区、集中布置的建筑和装置等总平面布置。可能散发可燃气体的工艺装置、罐组、装卸区或全厂性污水处理场等设施，宜布置在人员集中场所及明火或散发火花地点的全年最小频率风向的上风侧；在山区或丘陵地区，须避免布置在窝风地带。

2. 主要出入口

厂区主要出入口不少于 2 个，并必须设置在不同方位。生产区的道路宜采用双车道。工艺装置区，液化烃储罐区，可燃液体的储罐区、装卸区，以及化学危险品仓库区按规定设置环形消防车通道。

3. 企业消防站

消防站的设置位置应便于消防车迅速通往工艺装置区和罐区，宜位于生产区全年最小频率风向的下风侧，且避开工厂主要人流道路。

(二) 火力发电厂

1. 厂区选址

厂址应布置在厂区地势较低的边缘地带，安全防护设施可以布置在地形较高的边缘地带。对于布置在厂区内的点火油罐区，检查其围栅高度不小于 1.5 m。当利用厂区围墙作为点火油罐区的围栅时，实体围墙的高度不小于 2.5 m。

2. 主要出入口

厂区的出入口不少于 2 个，其位置应便于消防车出入。主厂房、点火油罐区及储煤场周围应设置环形消防车通道。

(三) 钢铁冶金企业

1. 厂区选址

储存或使用甲、乙、丙类液体，可燃气体，明火或散发火花以及产生大量烟气、粉尘、有毒有害气体的车间，必须布置在厂区边缘或主要生产车间、职工生活区全年最小频率风向的上风侧。

2. 围墙的设置

煤气罐区四周均须设置围墙，实地测量罐体外壁与围墙的间距。当总容积不超过 200000 m³ 时，罐体外壁与围墙的间距不宜小于 15.0 m；当总容积大于 200000 m³ 时，罐体外壁与围墙的间距不宜小于 18.0 m。

3. 储罐的间距

实地测量露天布置的可燃气体或不可燃气体固定容积储罐之间的净距，氧气固定容积储罐之间的净距，不可燃气体固定容积储罐之间的净距；实地测量露天布置的液氧储罐与不可燃液化气体储罐之间的净距，上述净距均不得小于 2.0 m。

4. 管道的敷设

高炉煤气、发生炉煤气、转炉煤气和铁合金电炉煤气的管道不能埋地敷设。氧气管道不得与燃油管道、腐蚀性介质管道以及电缆、电线同沟敷设，动力电缆不得与可燃、助燃气体和燃油管道同沟敷设。

二、消防车道

(一) 建筑的消防车道

1. 消防车通道的形式

街区内的道路应考虑消防车的通行，道路中心线间的距离不宜大于 160 m。

当建筑物沿街道部分的长度大于 150 m 或总长度大于 220 m 时，应设置穿过建筑物的消防车道。确有困难时，应设置环形消防车道。

市政消火栓沿可通行消防车的街区道路布置，间距不得大于 120 m。

其他要求详见《建规》7.1.1。

2. 消防车道的技术参数

(1) 车道的净宽度和净空高度均不应小于 4.0 m。

(2) 转弯半径应满足消防车转弯的要求。

(3) 消防车道与建筑之间不应设置妨碍消防车操作的树木、架空管线等障碍物。

(4) 消防车道靠建筑外墙一侧的边缘距离建筑外墙不宜小于 5 m。

(5) 消防车道的坡度不宜大于 8%。

(6) 尽头式消防车道应设置回车道或回车场，回车场的面积不应小于 12 m×12 m；对于高层建筑，不宜小于 15 m×15 m；供重型消防车使用时，不宜小于 18 m×18 m。

(二) 可燃材料露天堆场区，储罐区的消防车道 (《建规》7.1.6)

可燃材料露天堆场区，液化石油气储罐区，甲、乙、丙类液体储罐区和可燃气体储罐区，应设置消防车道。消防车道的设置应符合下列规定：

(1) 储量大于表 2-5 规定的堆场、储罐区，宜设置环形消防车道。

表 2-5 堆场或储罐区的储量

名　称	储量	名　称	储量
棉、麻、毛、化纤	1000 t	甲、乙、丙类液体储罐	1500 m³
秸秆、芦苇	5000 t	液化石油气储罐	500 m³
木材	5000 m³	可燃气体储罐	30000 m³

（2）占地面积大于 30000 m² 的可燃材料堆场，应设置与环形消防车道相通的中间消防车道，消防车道的间距不宜大于 150 m，如图 2-4 所示。

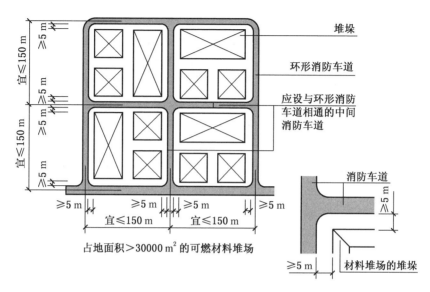

图 2-4　可燃材料堆场消防车道设置要求

消防车道的边缘距离可燃材料堆垛不应小于 5 m。

（3）液化石油气储罐区，甲、乙、丙类液体储罐区，可燃气体储罐区内的环形消防车道之间宜设置连通的消防车道，如图 2-5 所示。

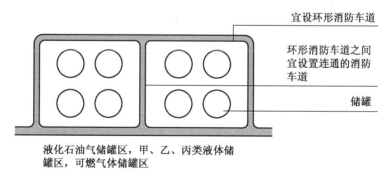

图 2-5　储罐区内环形消防车道的设置

（三）消防车通道的现场测量方法

消防车通道的现场测量方法见表 2-6。

表2-6　消防车通道的现场测量方法

内　　容	现场测量方法
全程查看消防车通道的路面情况	消防车通道与厂房（仓库）、民用建筑之间不得设置妨碍消防车作业的树木、架空管线等障碍物；消防车通道利用交通道路时，合用道路必须满足消防车通行与停靠的要求
消防车通道宽度	选择车道路面相对较窄部位以及车道4.0 m净空高度内两侧突出物的最近距离处进行测量，将最小宽度确定为消防车通道宽度
消防车通道净高度	选择消防车通道正上方距车道相对较低的突出物进行测量，测量点不少于5个；将突出物与车道的垂直高度确定为消防车通道净高度
不规则回车场尺寸	不规则回车场以消防车可以利用场地的内接正方形为回车场地或根据实际设置情况进行消防车通行试验，满足消防车回车的要求
核查消防车通道设计承受荷载	查阅施工记录、消防车通行试验报告，核查消防车通道设计承受荷载
消防车道设置在建筑红线外时	还应查验是否取得权属单位的同意，以确保消防车通道的正常使用

三、灭火救援设施

（一）消防车登高操作场地（《建规》7.2.1）

1. 消防车登高操作面

（1）高层建筑应至少沿一个长边或周边长度的1/4且不小于一个长边长度的底边连续布置消防车登高操作场地，该范围内的裙房进深不应大于4 m，如图2-6所示。

（2）建筑高度不大于50 m的建筑，连续布置消防车登高操作场地确有困难时，可间隔布置，但间隔距离不宜大于30 m，且消防车登高操作场地的总长度仍应符合上述规定。

建筑高度大于50 m的建筑，必须连续布置。

2. 消防车登高操作场地（《建规》7.2.2、7.2.3）

（1）场地的长度和宽度分别不应小于15 m和10 m。对于建筑高度大于50 m的建筑，场地的长度和宽度均不应小于20 m和10 m。

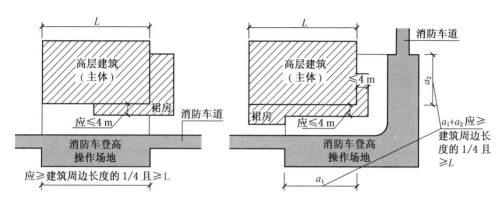

图 2-6 消防车登高操作面设置要求

（2）场地应与消防车道连通，场地靠建筑外墙一侧的边缘距离建筑外墙不宜小于 5 m，且不应大于 10 m，场地的坡度不宜大于 3%。

（3）建筑物与消防车登高操作场地相对应的范围内，应设置直通室外的楼梯或直通楼梯间的入口。

3. 现场检查操作

消防车登高操作场地的现场检查主要进行以下操作：

（1）沿消防车道全程查看消防车登高操作场地路面情况，检查消防车登高操作场地与厂房、仓库、民用建筑之间不得设置妨碍消防车操作的架空高压电线、树木、车库出入口等障碍。

（2）沿消防车登高操作面全程测量消防车登高操作场地的长度、宽度、坡度，场地靠建筑外墙一侧的边缘至建筑外墙的距离等数据。长度、宽度测量值的允许负偏差不得大于规定值的 5%。

（3）查阅施工记录、消防车登高操作试验报告，核查消防车登高操作场地设计承受荷载。当消防车登高操作场地设置在建筑红线外时，还应查验是否取得权属单位的同意，确保消防车登高操作场地正常使用。

（二）灭火救援窗

（1）厂房、仓库、公共建筑的外墙应在每层的适当位置设置可供消防救援人员进入的窗口。

（2）窗口的净高度和净宽度均不应小于 1.0 m，下沿距室内地面不宜大于 1.2 m，间距不宜大于 20 m 且每个防火分区不应少于 2 个。

设置位置应与消防车登高操作场地相对应。

窗口的玻璃应易于破碎，并应设置可在室外易于识别的明显标志，如图 2-7

所示。

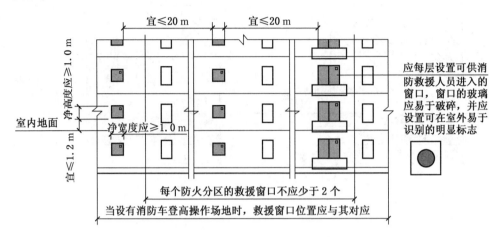

图 2-7 灭火救援窗的设置要求

(三) 消防电梯

消防电梯的检查操作见表 2-7。

表 2-7 消防电梯的检查操作

检查内容	操作方法
测量技术参数	测量消防电梯前室使用面积（前室的短边不应小于 2.4 m，2018 年修订）、首层消防电梯间通向室外的安全出口通道的长度（≤30 m）
使用首层供消防人员专用的操作按钮	检查消防电梯能否下降到首层并发出反馈信号，此时其他楼层按钮不能呼叫消防电梯，只能在轿厢内控制
模拟火灾报警	检查消防控制设备能否手动和自动控制电梯下降至首层，并接收反馈信号
使用消防电梯轿厢内专用消防对讲电话	与消防控制中心进行不少于 2 次的通话试验，通话语音清晰
测试由首层直达顶层的运行时间	使用秒表测试：消防电梯行驶速度是否保证从首层到顶层的运行时间不超过 1 min
其他	(1) 应每层停靠。 (2) 载重量不小于 800 kg。 (3) 防火。 (4) 内部装修采用不燃材料

四、防火间距

（一）厂房的防火间距

1. 一般规定

除《建规》另有规定外，厂房之间及与乙、丙、丁、戊类仓库、民用建筑等的防火间距不应小于《建规》表 3.4.1 的规定。

2. 特殊规定

消防设计验收时应该特别注意：

（1）乙类厂房与重要公共建筑的防火间距不宜小于 50 m；与明火或散发火花地点，不宜小于 30 m。单、多层戊类厂房之间及与戊类仓库的防火间距可按《建规》表 3.4.1 的规定减少 2 m。为丙、丁、戊类厂房服务而单独设置的生活用房应按民用建筑确定，与所属厂房的防火间距不应小于 6 m。

（2）两座厂房相邻较高一面外墙为防火墙时，其防火间距不限，但甲类厂房之间不应小于 4 m。两座丙、丁、戊类厂房相邻两面外墙均为不燃性墙体，当无外露的可燃性屋檐，每面外墙上的门、窗、洞口面积之和各不大于外墙面积的5%，且门、窗、洞口不正对开设时，其防火间距可按《建规》表 3.4.1 的规定减少 25%。

（3）两座一、二级耐火等级的厂房，当相邻较低一面外墙为防火墙且较低一座厂房的屋顶无天窗，屋顶的耐火极限不低于 1.00 h，或相邻较高一面外墙的门、窗等开口部位设置甲级防火门、窗或防火分隔水幕或按《建规》6.5.3 的规定设置防火卷帘时，甲、乙类厂房之间的防火间距不应小于 6 m；丙、丁、戊类厂房之间的防火间距不应小于 4 m。

（4）甲类厂房与重要公共建筑的防火间距不应小于 50 m，与明火或散发火花地点的防火间距不应小于 30 m。

（5）散发可燃气体、可燃蒸气的甲类厂房与铁路、道路等的防火间距不应小于表 2-8 的规定，但甲类厂房所属厂内铁路装卸线当有安全措施时，防火间距不受表 2-8 规定的限制。

表 2-8　散发可燃气体、可燃蒸气的甲类厂房与道路、铁路等的防火间距　　　m

名称	厂外铁路线中心线	厂内铁路线中心线	厂外道路路边	厂内道路路边	
				主要	次要
甲类厂房	30	20	15	10	5

（6）高层厂房与甲、乙、丙类液体储罐，可燃、助燃气体储罐，液化石油气储罐，可燃材料堆场（除煤和焦炭场外）的防火间距，应符合《建规》第4章的规定，且不应小于13 m。

（7）丙、丁、戊类厂房与民用建筑的耐火等级均为一、二级时，丙、丁、戊类厂房与民用建筑的防火间距可适当减小，但应符合下列规定：

① 当较高一面外墙为无门、窗、洞口的防火墙，或比相邻较低一座建筑屋面高15 m及以下范围内的外墙为无门、窗、洞口的防火墙时，其防火间距不限。

② 相邻较低一面外墙为防火墙，且屋顶无天窗、屋顶的耐火极限不低于1.00 h，或相邻较高一面外墙为防火墙，且墙上开口部位采取了防火措施，其防火间距可适当减小，但不应小于4 m。

（8）厂房外附设化学易燃物品的设备，其外壁与相邻厂房室外附设设备的外壁或相邻厂房外墙的防火间距，不应小于《建规》3.4.1的规定。用不燃材料制作的室外设备，可按一、二级耐火等级建筑确定。总容量不大于15 m³的丙类液体储罐，当直埋于厂房外墙外，且面向储罐一面4.0 m范围内的外墙为防火墙时，其防火间距不限。

（9）同一座"U"形或"山"形厂房中相邻两翼之间的防火间距，不宜小于《建规》3.4.1的规定，但当厂房的占地面积小于《建规》3.3.1规定的每个防火分区最大允许建筑面积时，其防火间距可为6 m。

（10）除高层厂房和甲类厂房外，其他类别的数座厂房占地面积之和小于《建规》3.3.1规定的防火分区最大允许建筑面积（按其中较小者确定，但防火分区的最大允许建筑面积不限者，不应大于10000 m²）时，可成组布置。当厂房建筑高度不大于7 m时，组内厂房之间的防火间距不应小于4 m；当厂房建筑高度大于7 m时，组内厂房之间的防火间距不应小于6 m。

（二）仓库的防火间距

1. 甲类仓库

甲类仓库之间及与其他建筑、明火或散发火花地点、铁路、道路等的防火间距不应小于《建规》表3.5.1的规定。

（1）甲类仓库之间的防火间距，当第3、4项物品储量不大于2 t，第1、2、5、6项物品储量不大于5 t时，不应小于12 m。

（2）甲类仓库与高层仓库的防火间距不应小于13 m。

2. 乙、丙、丁、戊类仓库

1）一般规定

除《建规》另有规定外，乙、丙、丁、戊类仓库之间及与民用建筑的防火间距，不应小于《建规》表 3.5.2 的规定。

2）特殊规定

消防设计验收时应该特别注意：

（1）单、多层戊类仓库之间的防火间距，可按《建规》表 3.5.2 的规定减少 2 m。

（2）两座仓库的相邻外墙均为防火墙时，防火间距可以减小，但丙类仓库，不应小于 6 m；丁、戊类仓库，不应小于 4 m。两座仓库相邻较高一面外墙为防火墙，或相邻两座高度相同的一、二级耐火等级建筑中相邻任一侧外墙为防火墙且屋顶的耐火极限不低于 1.00 h，且总占地面积不大于《建规》3.3.2 一座仓库的最大允许占地面积规定时，其防火间距不限。

（3）除乙类第 6 项物品外的乙类仓库，与民用建筑的防火间距不宜小于 25 m，与重要公共建筑的防火间距不应小于 50 m，与铁路、道路等的防火间距不宜小于《建规》表 3.5.1 中甲类仓库与铁路、道路等的防火间距。

（4）丁、戊类仓库与民用建筑的耐火等级均为一、二级时，仓库与民用建筑的防火间距可适当减小，但应符合下列规定：

① 当较高一面外墙为无门、窗、洞口的防火墙，或比相邻较低一座建筑屋面高 15 m 及以下范围内的外墙为无门、窗、洞口的防火墙时，其防火间距不限。

② 相邻较低一面外墙为防火墙，且屋顶无天窗或洞口、屋顶耐火极限不低于 1.00 h，或相邻较高一面外墙为防火墙，且墙上开口部位采取了防火措施，其防火间至可适当减小，但不应小于 4 m。

（三）民用建筑的防火间距

在总平面布局中，应合理确定建筑的位置、防火间距、消防车道和消防水源等，不宜将建筑布置在甲、乙类厂（库）房，甲、乙、丙类液体储罐，可燃气体储罐和可燃材料堆场的附近。

1. 一般规定

民用建筑之间的防火间距不应小于表 2-9 的规定，与其他建筑的防火间距，除应符合《建规》5.2 的规定外，尚应符合《建规》其他章的有关规定。

表 2-9　民用建筑之间的防火间距　　　　　　　　m

建筑类别		高层民用建筑	裙房和其他民用建筑		
		一、二级	一、二级	三级	四级
高层民用建筑	一、二级	13	9	11	14

表 2-9（续）   m

建 筑 类 别		高层民用建筑	裙房和其他民用建筑		
		一、二级	一、二级	三级	四级
裙房和其他民用建筑	一、二级	9	6	7	9
	三级	11	7	8	10
	四级	14	9	10	12

2. 特殊规定

消防设计验收时应该特别注意：

（1）相邻两座单、多层建筑，当相邻外墙为不燃性墙体且无外露的可燃性屋檐，每面外墙上无防火保护的门、窗、洞口不正对开设且该门、窗、洞口的面积之和不大于外墙面积的 5% 时，其防火间距可按表 2-9 的规定减少 25%。

（2）两座建筑相邻较高一面外墙为防火墙，或高出相邻较低一座一、二级耐火等级建筑的屋面 15 m 及以下范围内的外墙为防火墙时，其防火间距不限。

（3）相邻两座高度相同的一、二级耐火等级建筑中相邻任一侧外墙为防火墙，屋面板的耐火极限不低于 1.00 h 时，其防火间距不限。

（4）相邻两座建筑中较低一座建筑的耐火等级不低于二级，相邻较低一面外墙为防火墙且屋顶无天窗，屋面板的耐火极限不低于 1.00 h 时，其防火间距不应小于 3.5 m；对于高层建筑，不应小于 4 m。

（5）相邻两座建筑中较低一座建筑的耐火等级不低于二级且屋顶无天窗，相邻较高一面外墙高出较低一座建筑的屋面 15 m 及以下范围内的开口部位设置甲级防火门、窗，或设置符合《自动喷水灭火系统设计规范》（GB 50084—2017）规定的防火分隔水幕或《建规》6.5.3 规定的防火卷帘时，其防火间距不应小于 3.5 m；对于高层建筑，不应小于 4 m。

（6）相邻建筑通过连廊、天桥或底部的建筑物等连接时，其间距不应小于表 2-8 的规定。

（7）耐火等级低于四级的既有建筑，其耐火等级可按四级确定。

（8）建筑高度大于 100 m 的民用建筑与相邻建筑的防火间距，当符合《建规》允许减小的条件时，仍不能减小。

3. 民用建筑之间的特殊要求

（1）除高层民用建筑外，数座一、二级耐火等级的住宅建筑或办公建筑，当建筑物的占地面积总和不大于 2500 m² 时，可成组布置，但组内建筑物之间的间距不宜小于 4 m。组与组或组与相邻建筑物的防火间距不应小于《建规》5.2.2 的规定。

（2）建筑高度大于 100 m 的民用建筑与相邻建筑的防火间距，当符合《建规》3.4.5、3.5.3、4.2.1 和 5.2.2 允许减小的条件时，仍不应减小。

4. 民用建筑与其他类型建筑之间的要求

（1）民用建筑与单独建造的变电站的防火间距应符合《建规》3.4.1 有关室外变、配电站的规定，但与单独建造的终端变电站的防火间距，可根据变电站的耐火等级按《建规》5.2.2 有关民用建筑的规定确定。

民用建筑与 10 kV 及以下的预装式变电站的防火间距不应小于 3 m。

（2）民用建筑与燃油、燃气或燃煤锅炉房的防火间距应符合《建规》3.4.1 有关丁类厂房的规定，但与单台蒸汽锅炉的蒸发量不大于 4 t/h 或单台热水锅炉的额定热功率不大于 2.8 MW 的燃煤锅炉房的防火间距，可根据锅炉房的耐火等级按《建规》5.2.2 有关民用建筑的规定确定。

（3）民用建筑与燃气调压站、液化石油气气化站或混气站、城市液化石油气供应站瓶库等的防火间距，应符合《城镇燃气设计规范》（GB 50028—2006）的规定。

（四）防火间距的测量

（1）建筑物之间的防火间距应按相邻建筑外墙的最近水平距离计算，当外墙有凸出的可燃或难燃构件时，应从其凸出部分外缘算起。

建筑物与储罐、堆场的防火间距，应为建筑外墙至储罐外壁或堆场中相邻堆垛外缘的最近水平距离。

（2）储罐之间的防火间距应为相邻两储罐外壁的最近水平距离。

储罐与堆场的防火间距应为储罐外壁至堆场中相邻堆垛外缘的最近水平距离。

（3）堆场之间的防火间距应为两堆场中相邻堆垛外缘的最近水平距离。

（4）变压器之间的防火间距应为相邻变压器外壁的最近水平距离。

变压器与建筑物、储罐或堆场的防火间距，应为变压器外壁至建筑外墙、储罐外壁或相邻堆垛外缘的最近水平距离。

（5）建筑物、储罐或堆场与道路、铁路的防火间距，应为建筑外墙、储罐外壁或相邻堆垛外缘距道路最近一侧路边或铁路中心线的最小水平距离。

五、平面布置

（一）工业建筑的平面布置要求（《建规》3.3.2~3.3.9）

1. 厂房

（1）甲、乙类生产场所（仓库）不应设置在地下或半地下。

（2）变、配电站不应设置在甲、乙类厂房内或贴邻，且不应设置在爆炸性气体、粉尘环境的危险区域内。供甲、乙类厂房专用的 10 kV 及以下的变、配电站，当采用无门、窗、洞口的防火墙分隔时，可一面贴邻，并应符合《爆炸危险环境电力装置设计规范》（GB 50058—2014）等标准的规定。乙类厂房的配电站确需在防火墙上开窗时，应采用甲级防火窗。

2. 工业建筑附属用房

1）宿舍

员工宿舍严禁设置在厂房内。员工宿舍严禁设置在仓库内。

2）办公室、休息室

（1）办公室、休息室等不应设置在甲、乙类厂房内，确需贴邻本厂房时，其耐火等级不应低于二级，并应采用耐火极限不低于 3.00 h 的防爆墙与厂房分隔，且应设置独立的安全出口。

办公室、休息室设置在丙类厂房内时，应采用耐火极限不低于 2.50 h 的防火隔墙和 1.00 h 的楼板与其他部位分隔，并应至少设置 1 个独立的安全出口。隔墙上需开设相互连通的门时，应采用乙级防火门。

（2）办公室、休息室等严禁设置在甲、乙类仓库内，也不应贴邻。

办公室、休息室设置在丙、丁类仓库内时，应采用耐火极限不低于 2.50 h 的防火隔墙和 1.00 h 的楼板与其他部位分隔，并应设置独立的安全出口。隔墙上需开设相互连通的门时，应采用乙级防火门。

3）厂房内的丙类液体中间储罐

厂房内的丙类液体中间储罐应设置在单独房间内，其容量不应大于 5 m³。设置中间储罐的房间，应采用耐火极限不低于 3.00 h 的防火隔墙和 1.50 h 的楼板与其他部位分隔，房间门应采用甲级防火门。

4）厂房内设置中间仓库

厂房内设置中间仓库时，应符合下列规定：

（1）甲、乙类中间仓库应靠外墙布置，其储量不宜超过 1 昼夜的需要量。

（2）甲、乙、丙类中间仓库应采用防火墙和耐火极限不低于 1.50 h 的不燃性楼板与其他部位分隔。

（3）设置丁、戊类仓库时，应采用耐火极限不低于 2.00 h 的防火隔墙和 1.00 h 的楼板与其他部位分隔。

（二）民用建筑的平面布置要求（《建规》5.4.3~5.4.11）

民用建筑的平面布置应结合建筑的耐火等级、火灾危险性、使用功率和安全疏散等因素合理布置。

除为满足民用建筑使用功能所设置的附属库房外，民用建筑内不应设置生产车间和其他库房。经营、存放和使用甲、乙类火灾危险性物品的商店、作坊和储藏间，严禁附设在民用建筑内。

1. 商店建筑、展览建筑

商店建筑、展览建筑采用三级耐火等级建筑时，不应超过2层；采用四级耐火等级建筑时，应为单层。营业厅、展览厅设置在三级耐火等级的建筑内时，应布置在首层或二层；设置在四级耐火等级的建筑内时，应布置在首层。

营业厅、展览厅不应设置在地下三层及以下楼层。地下或半地下营业厅、展览厅不应经营、储存和展示甲、乙类火灾危险性物品。

2. 托儿所、幼儿园及儿童活动场所

托儿所、幼儿园的儿童用房，儿童游乐厅等儿童活动场所宜设置在独立的建筑内，且不应设置在地下或半地下；当采用一、二级耐火等级的建筑时，不应超过3层；采用三级耐火等级的建筑时，不应超过2层；采用四级耐火等级的建筑时，应为单层；确需设置在其他民用建筑内时，应符合下列规定：

（1）设置在一、二级耐火等级的建筑内时，应布置在首层、二层或三层。

（2）设置在三级耐火等级的建筑内时，应布置在首层或二层。

（3）设置在四级耐火等级的建筑内时，应布置在首层。

（4）设置在高层建筑内时，应设置独立的安全出口和疏散楼梯。

（5）设置在单、多层建筑内时，宜设置独立的安全出口和疏散楼梯。

3. 医院和疗养院

（1）医院和疗养院的住院部分不应设置在地下或半地下。

（2）医院和疗养院的住院部分采用三级耐火等级建筑时，不应超过2层；采用四级耐火等级建筑时，应为单层；设置在三级耐火等级的建筑内时，应布置在首层或二层；设置在四级耐火等级的建筑内时，应布置在首层。

（3）医院和疗养院的病房楼内相邻护理单元之间应采用耐火极限不低于2.00 h的防火隔墙分隔，隔墙上的门应采用乙级防火门，设置在走道上的防火门应采用常开防火门（图2-8）。

4. 教学建筑、食堂、菜市场

教学建筑、食堂、菜市场采用三级耐火等级建筑时，不应超过2层；采用四级耐火等级建筑时，应为单层；设置在三级耐火等级的建筑内时，应布置在首层或二层；设置在四级耐火等级的建筑内时，应布置在首层。

5. 剧场、电影院、礼堂

剧场、电影院、礼堂宜设置在独立的建筑内；采用三级耐火等级建筑时，不

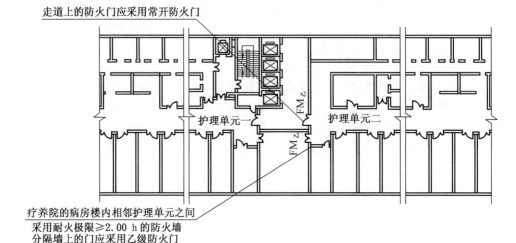

图 2-8　医院和疗养院的病房楼内相邻护理单元之间防火分隔

应超过 2 层；确需设置在其他民用建筑内时，至少应设置 1 个独立的安全出口和疏散楼梯，并应符合下列规定：

（1）应采用耐火极限不低于 2.00 h 的防火隔墙和甲级防火门与其他区域分隔。

（2）设置在高层建筑内时，尚应符合《建规》5.4.8 的规定。

（3）设置在一、二级耐火等级的多层建筑内时，观众厅宜布置在首层、二层或三层；确需布置在四层及以上楼层时，一个厅、室的疏散门不应少于 2 个，且每个观众厅或多功能厅的建筑面积不宜大于 400 m²。

（4）设置在三级耐火等级的建筑内时，不应布置在三层及以上楼层。

（5）设置在地下或半地下时，宜设置在地下一层，不应设置在地下三层及以下楼层。

防火分区的最大允许建筑面积不应大于 1000 m²；当设置自动喷水灭火系统和火灾自动报警系统时，该面积不得增加。

6. 建筑内的观众厅、会议厅、多功能厅（《建规》5.4.8）

建筑内的观众厅、会议厅、多功能厅等人员密集的场所，宜布置在首层、二层或三层。设置在三级耐火等级的建筑内时，不应布置在三层及以上楼层。确需布置在其他楼层时，应符合下列规定：

（1）一个厅、室的疏散门不应少于 2 个，且建筑面积不宜大于 400 m²。

（2）设置在地下或半地下时，宜设置在地下一层，不应设置在地下三层及以下楼层。

（3）设置在高层建筑内，应设置火灾自动报警系统和自动喷水灭火系统等自动灭火系统。

7. 歌舞娱乐放映游艺场所

歌舞厅、录像厅、夜总会、卡拉 OK 厅（含具有卡拉 OK 功能的餐厅）、游艺厅（含电子游艺厅）、桑拿浴室（不包括洗浴部分）、网吧等歌舞娱乐放映游艺场所（不含剧场、电影院）的布置应符合下列规定：

（1）不应布置在地下二层及以下楼层。

（2）宜布置在一、二级耐火等级建筑内的首层、二层或三层的靠外墙部位。

（3）不宜布置在袋形走道的两侧或尽端。

（4）确需布置在地下一层时，地下一层的地面与室外出入口地坪的高差不应大于 10 m。

（5）确需布置在地下或四层及以上楼层，一个厅、室的建筑面积不应大于 200 m²（即使设置了自动喷水系统，面积也不能增加）。

（6）厅、室之间及与建筑的其他部位之间，应采用耐火极限不低于 2.00 h 的防火隔墙和 1.00 h 的不燃性楼板分隔，设置在厅、室墙上的门和该场所与建筑内其他部位相通的门均应采用乙级防火门，如图 2-9 所示。

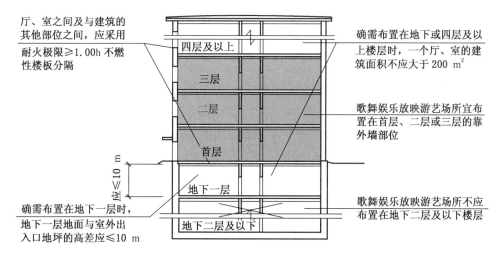

图 2-9　歌舞娱乐放映游艺场所的设置要求

8. 住宅与其他功能的组合建筑

除商业服务网点外，住宅建筑与其他使用功能的建筑合建时，应符合下列规定：

（1）住宅部分与非住宅部分之间，应采用耐火极限不低于 2.00 h 且无门、窗、洞口的防火隔墙和 1.50 h 的不燃性楼板完全分隔；当为高层建筑时，应采用无门、窗、洞口的防火墙和耐火极限不低于 2.00 h 的不燃性楼板完全分隔。建筑外墙上、下层开口之间的防火措施应符合《建规》6.2.5 的规定。

《建规》6.2.5：建筑外墙上、下层开口之间应设置高度不小于 1.2 m 的实体墙或挑出宽度不小于 1.0 m、长度不小于开口宽度的防火挑檐；当室内设置自动喷水灭火系统时，上、下层开口之间的实体墙高度不应小于 0.8 m。当上、下层开口之间设置实体墙确有困难时，可设置防火玻璃墙，但高层建筑的防火玻璃墙的耐火完整性不应低于 1.00 h，多层建筑的防火玻璃墙的耐火完整性不应低于 0.50 h。外窗的耐火完整性不应低于防火玻璃墙的耐火完整性要求。

住宅建筑外墙上相邻户开口之间的墙体宽度不应小于 1.0 m；小于 1.0 m 时，应在开口之间设置突出外墙不小于 0.6 m 的隔板。

（2）住宅部分与非住宅部分的安全出口和疏散楼梯应分别独立设置；为住宅部分服务的地上车库应设置独立的疏散楼梯或安全出口，地下车库的疏散楼梯应按《建规》6.4.4 的规定进行分隔。

（3）住宅部分和非住宅部分的安全疏散、防火分区和室内消防设施配置，可根据各自的建筑高度分别按照《建规》有关住宅建筑和公共建筑的规定执行；该建筑的其他防火设计应根据建筑的总高度和建筑规模按《建规》有关公共建筑的规定执行。

9. 设置商业服务网点的住宅建筑

（1）设置商业服务网点的住宅建筑，其居住部分与商业服务网点之间应采用耐火极限不低于 2.00 h 且无门、窗、洞口的防火隔墙和 1.50 h 的不燃性楼板完全分隔，住宅部分和商业服务网点部分的安全出口和疏散楼梯应分别独立设置。

（2）商业服务网点中每个分隔单元之间应采用耐火极限不低于 2.00 h 且无门、窗、洞口的防火隔墙相互分隔。

（三）设备用房的平面布置要求

详见《建规》5.4.12~5.4.17、6.2.7、8.1.6、8.1.7。

1. 燃油或燃气锅炉、油浸变压器等

燃油或燃气锅炉、油浸变压器、充有可燃油的高压电容器和多油开关室等，宜设置在建筑外的专用房间内；确需贴邻民用建筑布置时，应采用防火墙与所贴邻的建筑分隔，且不应贴邻人员密集场所，该专用房间的耐火等级不应低于二级。

确需布置在民用建筑内时，不应布置在人员密集场所的上一层、下一层或贴邻，并应符合下列规定：

（1）燃油或燃气锅炉房、变压器室应设置在首层或地下一层的靠外墙部位，但常（负）压燃油或燃气锅炉可设置在地下二层或屋顶上。设置在屋顶上的常（负）压燃气锅炉，距离通向屋面的安全出口不应小于6 m。

采用相对密度（与空气密度的比值）不小于0.75的可燃气体为燃料的锅炉，不得设置在地下或半地下。

（2）锅炉房、变压器室的疏散门均应直通室外或安全出口（图2-10）。

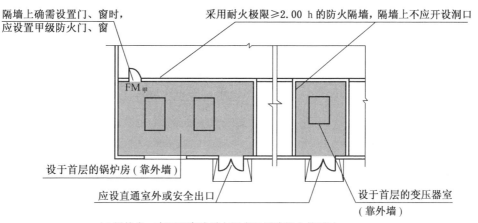

（a）锅炉房、变压器室确需布置在民用建筑内首层时

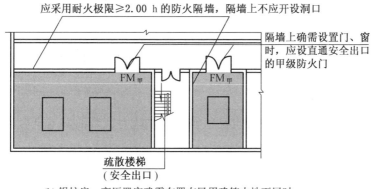

（b）锅炉房、变压器室确需布置在民用建筑内地下层时

图2-10　锅炉、变压器的设置要求

（3）锅炉房、变压器室等与其他部位之间应采用耐火极限不低于 2.00 h 的防火隔墙和 1.50 h 的不燃性楼板分隔。在隔墙和楼板上不应开设洞口，确需在隔墙上设置门、窗时，应采用甲级防火门、窗（图 2-10）。

（4）锅炉房内设置储油间时，其总储存量不应大于 1 m³，且储油间应采用耐火极限不低于 3.00 h 的防火隔墙与锅炉间分隔；确需在防火隔墙上设置门时，应采用甲级防火门。

（5）变压器室之间、变压器室与配电室之间，应设置不低于 2.00 h 的防火隔墙。

（6）油浸变压器、多油开关室、高压电容器室，应设置防止油品流散的设施。油浸变压器下面应设置能储存变压器全部油量的事故储油设施。

（7）应设置火灾报警装置。

（8）应设置与锅炉、变压器、电容器和多油开关等的容量及建筑规模相适应的灭火设施。

（9）锅炉的容量应符合《锅炉房设计规范》（GB 50041—2008）的规定。油浸变压器的总容量不应大于 1260 kV·A，单台容量不应大于 630 kV·A。

（10）燃气锅炉房应设置爆炸泄压设施。燃油或燃气锅炉房应设置独立的通风系统，并应符合《建规》第 9 章的规定。

2. 布置在民用建筑内的柴油发电机房

布置在民用建筑内的柴油发电机房应符合以下规定：

（1）宜布置在首层或地下一、二层。

（2）不应布置在人员密集场所的上一层、下一层或贴邻。

（3）应采用耐火极限不低于 2.00 h 的防火隔墙和 1.50 h 的不燃性楼板与其他部位分隔，门应采用甲级防火门。

（4）机房内设置储油间时，其总储存量不应大于 1 m³，储油间应采用耐火极限不低于 3.00 h 的防火隔墙与发电机间分隔；确需在防火隔墙上开门时，应设置甲级防火门。

（5）应设置火灾报警装置。

（6）建筑内其他部位设置自动喷水灭火系统时，柴油发电机房应设置自动喷水灭火系统。

3. 设置在建筑内的锅炉、柴油发电机

设置在建筑内的锅炉、柴油发电机，其燃料供给管道应符合下列规定：

（1）在进入建筑物前和设备间内的管道上均应设置自动和手动切断阀。

（2）储油间的油箱应密闭且应设置通向室外的通气管，通气管应设置带阻火器的呼吸阀，油箱的下部应设置防止油品流散的设施。

4. 消防控制室布置

（1）单独建造的消防控制室，其耐火等级不应低于二级。

（2）附设在建筑内的消防控制室，宜设置在建筑内首层或地下一层，并宜布置在靠外墙部位；且应采用耐火极限不低于 2.00 h 的隔墙和 1.50 h 的楼板与其他部位隔开，疏散门应直通室外或安全出口。

（3）严禁与消防控制室无关的电气线路和管路穿过。

（4）不应设置在电磁场干扰较强及其他可能影响消防控制设备工作的设备用房附近。

5. 消防设备用房布置

（1）附设在建筑物内的消防设备用房，如固定灭火系统的设备室、消防水泵房和通风空气调节机房、防烟和排烟机房等，应采用耐火极限不低于 2.00 h 的隔墙和 1.50 h 的楼板与其他部位隔开。独立建造的消防水泵房，其耐火等级不应低于二级；附设在建筑内的消防水泵房，不应设置在地下三层及以下或地下室内地面与室外出入口地坪高差大于 10 m 的楼层；疏散门应直通室外或安全出口。

（2）通风、空调机房和变配电室开向建筑内的门应采用甲级防火门，消防控制室和其他设备房间开向建筑的门应采用乙级防火门。

（3）消防水泵房的门应采用甲级防火门；电梯机房应与普通电梯机房之间采用耐火极限不低于 2.00 h 的隔墙分开，当在隔墙上开门时，应设甲级防火门。

6. 瓶装液化石油气瓶组间

（1）应设置独立的瓶组间。

（2）瓶组间不应与住宅建筑、重要公共建筑和其他高层公共建筑贴邻，液化石油气气瓶的总容积不大于 1 m³ 的瓶组间与所服务的其他建筑贴邻时，应采用自然气化方式供气。

（3）液化石油气气瓶的总容积大于 1 m³、不大于 4 m³ 的独立瓶组间，与所服务建筑的防火间距应符合《建规》表 5.4.17 的规定。

（4）在瓶组间的总出气管道上应设置紧急事故自动切断阀。

（5）瓶组间应设置可燃气体浓度报警装置。

（6）其他防火要求应符合《城镇燃气设计规范》（GB 50028—2006）的规定。

第三节　防火防烟分区与分隔

一、防火分区

（一）厂房的防火分区

厂房的防火分区面积应根据其生产的火灾危险性类别、厂房的层数和厂房的耐火等级等因素确定。各类厂房的防火分区面积应符合《建规》表 3.3.1 的要求。

消防设计验收时应该特别注意：

（1）防火分区之间应采用防火墙分隔。除甲类厂房外的一、二级耐火等级厂房，当其防火分区的建筑面积大于《建规》表 3.3.1 规定，且设置防火墙确有困难时，可采用防火卷帘或防火分隔水幕分隔。

采用防火卷帘时，应符合《建规》6.5.3 的规定；采用防火分隔水幕时，应符合《自动喷水灭火系统设计规范》（GB 50084—2017）的规定。

（2）除麻纺厂房外，一级耐火等级的多层纺织厂房和二级耐火等级的单、多层纺织厂房，其每个防火分区的最大允许建筑面积可按《建规》表 3.3.1 的规定增加 50%，但厂房内的原棉开包、清花车间与厂房内其他部位之间均应采用耐火极限不低于 2.50 h 的防火隔墙分隔，需要开设门、窗、洞口时，应设置甲级防火门、窗。

（3）一、二级耐火等级的单、多层造纸生产联合厂房，其每个防火分区的最大允许建筑面积可按《建规》表 3.3.1 的规定增加 1.5 倍。一、二级耐火等级的湿式造纸联合厂房，当纸机烘缸罩内设置自动灭火系统，完成工段设置有效灭火设施保护时，其每个防火分区的最大允许建筑面积可按工艺要求确定。

（4）一、二级耐火等级的谷物筒仓工作塔，当每层工作人数不超过 2 人时，其层数不限。

（5）一、二级耐火等级卷烟生产联合厂房内的原料、备料及成组配方、制丝、储丝和卷接包、辅料周转、成品暂存、二氧化碳膨胀烟丝等生产用房应划分独立的防火分隔单元，当工艺条件许可时，应采用防火墙进行分隔。其中制丝、储丝和卷接包车间可划分为一个防火分区，且每个防火分区的最大允许建筑面积可按工艺要求确定，但制丝、储丝及卷接包车间之间应采用耐火极限不低于 2.00 h 的防火隔墙和 1.00 h 的楼板进行分隔。

（6）厂房内的操作平台、检修平台，当使用人数少于 10 人时，平台的面积可不计入所在防火分区的建筑面积内。

（7）厂房内设置自动灭火系统时，每个防火分区的最大允许建筑面积可按《建规》的规定增加 1.0 倍。

（8）当丁、戊类的地上厂房内设置自动灭火系统时，每个防火分区的最大允许建筑面积不限。厂房内局部设置自动灭火系统时，其防火分区的增加面积可按该局部面积的 1.0 倍计算。

（二）仓库的防火分区

除《建规》另有规定外，仓库的层数和每个防火分区的最大允许建筑面积、最大允许占地面地应符合《建规》表 3.3.2 的规定。

消防设计验收时应该特别注意：

（1）仓库内的防火分区之间必须采用防火墙分隔，甲、乙类仓库内防火分区之间的防火墙不应开设门、窗、洞口；地下或半地下仓库（包括地下或半地下室）的最大允许占地面积，不应大于相应类别地上仓库的最大允许占地面积。

（2）石油库区内的桶装油品仓库应符合《石油库设计规范》（GB 50074—2014）的规定。

（3）一、二级耐火等级的煤均化库，每个防火分区的最大允许建筑面积不应大于 12000 m²。

（4）独立建造的硝酸铵仓库、电石仓库、聚乙烯等高分子制品仓库、尿素仓库、配煤仓库、造纸厂的独立成品仓库，当建筑的耐火等级不低于二级时，每座仓库的最大允许占地面积和每个防火分区的最大允许建筑面积可按《建规》表 3.3.2 的规定增加 1.0 倍。

（5）一、二级耐火等级粮食平房仓的最大允许占地面积不应大于 12000 m²，每个防火分区的最大允许建筑面积不应大于 3000 m²；三级耐火等级粮食平房仓的最大允许占地面积不应大于 3000 m²，每个防火分区的最大允许建筑面积不应大于 1000 m²。

（6）一、二级耐火等级且占地面积不大于 2000 m² 的单层棉花库房，其防火分区的最大允许建筑面积不应大于 2000 m²。

（7）一、二级耐火等级冷库的最大允许占地面积和防火分区的最大允许建筑面积，应符合《冷库设计规范》（GB 50072—2010）的规定。

（8）仓库内设置自动灭火系统时，除冷库的防火分区外，每座仓库的最大允许占地面积和每个防火分区的最大允许建筑面积可按《建规》的规定增加

1.0 倍。

（三）民用建筑的防火分区

除《建规》另有规定外，不同耐火等级民用建筑的允许建筑高度或层数、防火分区最大允许建筑面积应符合表 2-10 的规定。

表 2-10　不同耐火等级建筑的允许建筑高度或层数、防火分区最大允许建筑面积

名称	耐火等级	允许建筑高度或层数	防火分区的最大允许建筑面积/m²	备注
高层民用建筑	一、二级	按《建规》5.1.1 确定	1500	对于体育馆、剧场的观众厅，防火分区的最大允许建筑面积可适当增加
单、多层民用建筑	一、二级	按《建规》5.1.1 确定	2500	
	三级	5 层	1200	
	四级	2 层	600	
地下或半地下建筑（室）	一级	—	500	设备用房的防火分区最大允许建筑面积不应大于 1000 m²

消防设计验收时应该特别注意：

（1）当建筑内设置自动灭火系统时，可按表 2-10 的规定增加 1.0 倍；局部设置时，防火分区的增加面积可按该局部面积的 1.0 倍计算。

（2）裙房与高层建筑主体之间设置防火墙时，裙房的防火分区可按单、多层建筑的要求确定。

（3）防火分区之间应采用防火墙分隔，确有困难时，可采用防火卷帘等防火分隔设施分隔。采用防火卷帘分隔时，应符合《建规》6.5.3 的规定。

（四）难点剖析

当建筑内设置自动灭火系统时，可按表 2-10 的规定增加 1.0 倍；局部设置时，防火分区的增加面积可按该局部面积的 1.0 倍计算。该规定对所有建筑均适用。

下面以民用建筑为例，来深入分析其要求。

（1）当建筑内设置自动灭火系统时，可按表 2-10 的规定增加 1.0 倍，如图 2-11 所示。

（2）局部设置时，防火分区的增加面积可按该局部面积的 1.0 倍计算，如图 2-12 所示。

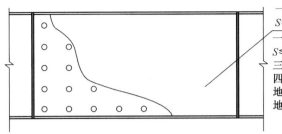

图 2-11　全部设置自喷时防火分区最大允许建筑面积 S

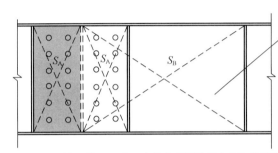

注：设 S_A+S_B 为一个防火分区的最大允许建筑面积，当设自动灭火系统的面积为 $2S_A$ 时，则此防火分区面积可增加 S_A，即 $S=2S_A+S_B$，新增加的 S_A 也应设置自动灭火系统。

图 2-12　局部设置自动灭火系统时防火分区最大允许建筑面积 S

这里需要特别注意的是：按该局部面积的 1.0 倍增加的防火分区的面积，也要设置自动喷淋。

二、防烟分区

（一）防烟分区面积要求

防烟分区面积要求见《防排烟》：

（1）当空间净高度 $H \leqslant 3$ m 时，防烟分区面积 $S \leqslant 500$ m²，长边长度 $L \leqslant 24$ m。

（2）当空间净高度 $H > 3$ m 且 $\leqslant 6$ m 时，防烟分区面积 $S \leqslant 1000$ m²，长边长度 $L \leqslant 36$ m。

（3）当空间净高度 $H > 6$ m 且 $\leqslant 9$ m 时，防烟分区面积 $S \leqslant 2000$ m²，长边长度 $L \leqslant 60$ m（具有自然对流条件时，长边长度 $L \leqslant 75$ m）。

（4）当空间净高度 $H > 9$ m 时，只要防火分区满足要求即可，防烟分区不作限制。

注：公共建筑、工业建筑走道宽度≤2.5 m时，长边长度L≤60 m。

（二）防烟分区划分验收要求

设置排烟系统的场所或部位应划分防烟分区。

设置防烟分区时应满足以下几个要求：

（1）防烟分区应采用挡烟垂壁、隔墙、结构梁等划分。

（2）防烟分区不应跨越防火分区。

（3）每个防烟分区的建筑面积不宜超过规范要求。

（4）采用隔墙等形成封闭的分隔空间时，该空间宜作为一个防烟分区。

（5）储烟仓高度不应小于空间净高度的10%，且不应小于500 mm，同时应保证疏散所需的清晰高度，最小清晰高度应由计算确定。

（6）有特殊用途的场所应单独划分防烟分区。

（三）挡烟构件

挡烟构件主要是指挡烟垂壁和建筑横梁。

挡烟垂壁是用不燃材料制成的。其从顶棚下垂的高度一般应距顶棚面50 cm以上，称为有效高度。挡烟垂壁分固定式和活动式两种。

当建筑横梁的高度超过50 cm时，该横梁可作为挡烟设施使用。

三、防火分隔构件

（一）防火墙验收（《建规》6.1）

（1）防火墙应直接设置在建筑的基础或框架、梁等承重结构上，框架、梁等承重结构的耐火极限不应低于防火墙的耐火极限，如图2-13所示。

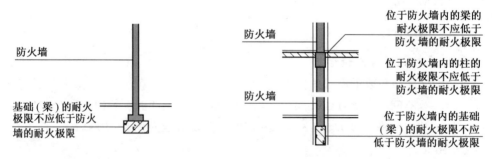

图2-13　防火墙应直接设置在基础或框架、梁等承重结构上

防火墙应从楼地面基层隔断至梁、楼板或屋面板的底面基层。当高层厂房（仓库）屋顶承重结构和屋面板的耐火极限低于1.00 h，其他建筑屋顶承重结构

和屋面板的耐火极限低于 0.50 h 时，防火墙应高出屋面 0.5 m 以上，如图 2-14 所示。

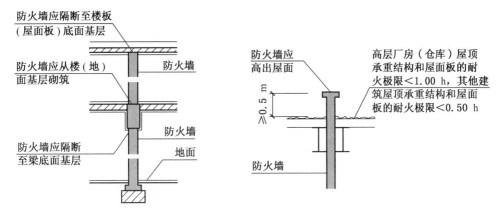

图 2-14 防火墙与屋面之间的构造

（2）防火墙横截面中心线水平距离天窗端面小于 4.0 m，且天窗端面为可燃性墙体时，应采取防止火势蔓延的措施，如图 2-15 所示。

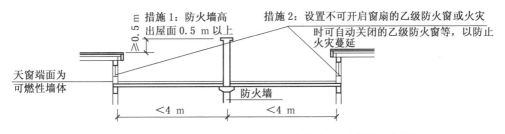

注：措施 1、2 为示例，可采取其他防止火势蔓延的措施。

图 2-15 防火墙距离天窗端面的距离

（3）建筑外墙为难燃性或可燃性墙体时，防火墙应凸出墙的外表面 0.4 m 以上，且防火墙两侧的外墙均应为宽度均不小于 2.0 m 的不燃性墙体，其耐火极限不应低于外墙的耐火极限，如图 2-16 所示。

建筑外墙为不燃性墙体时，防火墙可不凸出墙的外表面，紧靠防火墙两侧的门、窗、洞口之间最近边缘的水平距离不应小于 2.0 m；采取设置乙级防火窗等防止火灾水平蔓延的措施时，该距离不限，如图 2-17 所示。

（4）建筑内的防火墙不宜设置在转角处，确需设置时，内转角两侧墙上的门、窗、洞口之间最近边缘的水平距离不应小于 4.0 m；采取设置乙级防火窗等

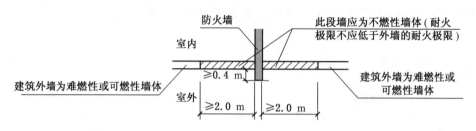

图 2-16　外墙为难燃性或可燃性时防火墙的构造

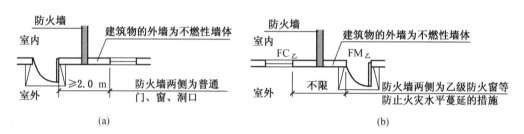

(a)　　　　　　　　　　　　　　　　　　(b)

图 2-17　防火墙两侧的门、窗、洞口之间最近边缘的水平距离

防止火灾水平蔓延的措施时，该距离不限，如图 2-18 所示。

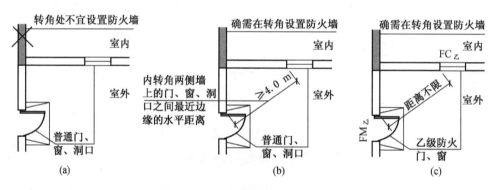

(a)　　　　　　　　　　　(b)　　　　　　　　　　　(c)

图 2-18　设置在转角处防火墙的要求

（5）防火墙上不应开设门、窗、洞口，确需开设时，应设置不可开启或火灾时能自动关闭的甲级防火门、窗。

可燃气体和甲、乙、丙类液体的管道严禁穿过防火墙。防火墙内不应设置排气道，如图 2-19 所示。

（6）除《建规》6.1.5 规定外的其他管道不宜穿过防火墙，确需穿过时，应采用防火封堵材料将墙与管道之间的空隙紧密填实；穿过防火墙处的管道保温材

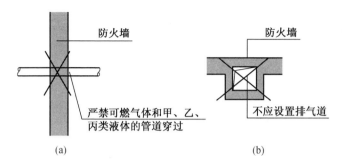

图 2-19　防火墙与排气道、液体管道的构造

料，应采用不燃材料；当管道为难燃及可燃材料时，应在防火墙两侧的管道上采取防火措施，如图 2-20 所示。

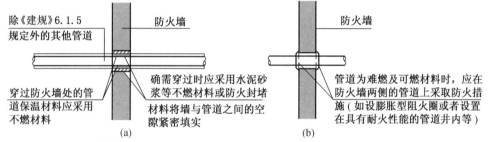

注：防火封堵材料应符合《防火封堵材料》(GB 23864—2009)的要求。

图 2-20　管道穿过防火墙的措施

（7）防火墙的构造应能在防火墙任意一侧的屋架、梁、楼板等受到火灾的影响而破坏时，不会导致防火墙倒塌。

（二）防火门验收

防火门验收应依据：

（1）《建规》。

（2）《防火卷帘、防火门、防火窗施工及验收规范》(GB 50877—2014)。

（3）《防火门》(GB 12955—2008)。

1. 防火门组件

防火门是由门板、门框、锁具、闭门器、顺序器、五金件、防火密封件以及电动控制装置等组成的，符合耐火完整性和隔热性等要求的防火分隔物。在防火检查中，对防火门的选型、外观、安装质量和系统功能等进行检查。

2. 防火门分类

（1）按耐火极限：防火门可分为甲、乙、丙三级，耐火极限分别不低于1.50 h、1.00 h 和 0.50 h，对应的分别应用于防火墙、疏散楼梯门和竖井检查门。

（2）按材料：防火门可分为木质、钢质、复合材料防火门。

（3）按门扇结构：防火门可分为带亮子、不带亮子、单扇、多扇。

3. 防火门的基本性能验收（《建规》6.5.1）

（1）设置在建筑内经常有人通行处的防火门宜采用常开防火门。常开防火门应能在火灾时自行关闭，并应具有信号反馈的功能。

（2）除允许设置常开防火门的位置外，其他位置的防火门均应采用常闭防火门。常闭防火门应在其明显位置设置"保持防火门关闭"等提示标识。

（3）除管井检修门和住宅的户门外，防火门应具有自行关闭功能。双扇防火门应具有按顺序自行关闭的功能，如图 2-21 所示。

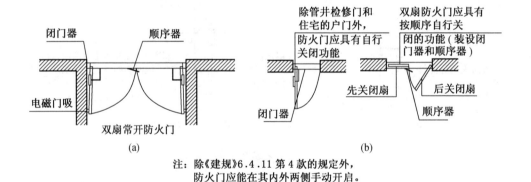

图 2-21　防火门的设置要求

（4）除《建规》6.4.11 第 4 款的规定外，防火门应能在其内外两侧手动开启。

（5）设置在建筑变形缝附近时，防火门应设置在楼层较多的一侧，并应保证防火门开启时门扇不跨越变形缝，如图 2-22 所示。

（6）防火门关闭后应具有防烟性能。

（7）甲、乙、丙级防火门应符合《防火门》（GB 12955—2008）的规定。

4. 防火门验收方法

1）查阅文件

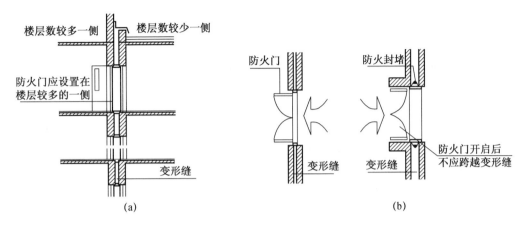

图 2-22　设置在建筑变形缝附近防火门的要求

查阅消防设计文件、建筑平面图、门窗大样、防火窗工程质量验收记录等资料，了解建筑内防火窗的安装位置、选型、数量等数据。

2）安装技术参数

门框与墙体采用预埋钢件或膨胀螺栓等连接牢固，固定点间距不宜大于 600 mm。防火门门扇与门框的搭接尺寸不小于 12 mm。

3）操作方法

防火门验收时操作方法如图 2-23 所示。

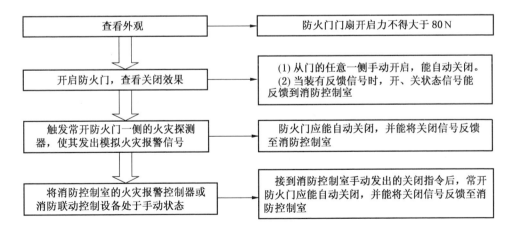

图 2-23　防火门验收时操作方法

（三）防火窗验收

防火窗验收应依据：

（1）《建规》。

（2）《防火卷帘、防火门、防火窗施工及验收规范》（GB 50877—2014）。

（3）《防火窗》（GB 16809—2008）。

1. 防火窗组件

防火窗是由窗扇、窗框、五金件、防火密封件以及窗扇启闭控制装置等组成的，符合耐火完整性和隔热性等要求的防火分隔物。在防火检查中，对防火窗的选型、外观、安装质量和控制功能等进行检查。

防火窗是采用钢窗框、钢窗扇及防火玻璃制成的，能起到隔离和阻止火势蔓延的窗，一般设置在防火间距不足部位的建筑外墙上的开口或天窗，建筑内的防火墙或防火隔墙上需要观察等部位以及需要防止火灾竖向蔓延的外墙开口部位。

2. 防火窗分类

防火窗按照安装方法可分为固定窗扇与活动窗扇两种。固定窗扇防火窗不能开启，平时可以采光，遮挡风雨，发生火灾时可以阻止火势蔓延；活动窗扇防火窗能够开启和关闭，起火时可以自动关闭，阻止火势蔓延，开启后可以排除烟气，平时还可以采光和通风。为了使防火窗的窗扇能够开启和关闭，需要安装自动和手动开关装置。

防火窗按照是否隔热可分为隔热防火窗和非隔热防火窗两种。隔热防火窗是在规定时间内，能同时满足耐火隔热性和耐火完整性的防火窗。非隔热防火窗是在规定时间内，能满足耐火完整性的防火窗。

3. 防火窗的基本性能验收（《建规》6.5.2）

（1）防火窗的耐火极限、使用部位要求同防火门。

（2）设置在防火墙、防火隔墙上的防火窗，应采用不可开启的窗扇或具有火灾时能自行关闭的功能，如图 2-24 所示。

4. 防火窗验收方法

1）查阅文件

查阅消防设计文件、建筑平面图、门窗大样、防火窗工程质量验收记录等资料，了解建筑内防火窗的安装位置、选型、数量等数据。

2）安装质量技术参数

（1）有密封要求的防火窗窗框密封槽内镶嵌的防火密封件应牢固、完好。

（2）钢质防火窗窗框内填充水泥砂浆，窗框与墙体采用预埋钢件或膨胀螺

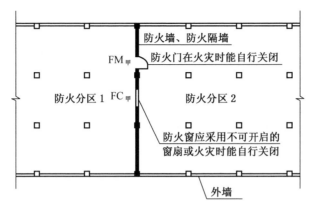

注：1. 防火窗一般均设置在防火间距不足部位的建筑外墙上
的开口或天窗、建筑内的防火墙或防火隔墙上需要观
察等部位以及需要防止火灾竖向蔓延的外墙开口部位。
2. 防火窗应符合《防火窗》(GB 16809—2008)的有关规定。

图 2-24 防火窗的防火要求

栓等连接牢固，固定点间距不宜大于 600 mm。

3）操作方法

防火窗验收时操作方法如图 2-25 所示。

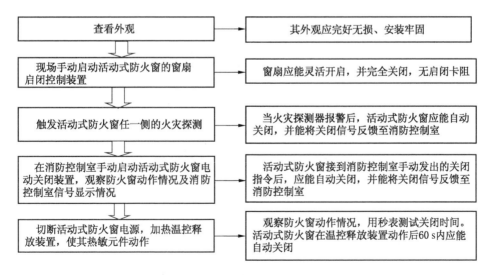

图 2-25 防火窗验收时操作方法

（四）防火卷帘验收

防火窗验收应依据：

（1）《建规》。

（2）《防火卷帘》（GB 14102—2005）。

（3）《防火卷帘、防火门、防火窗施工及验收规范》（GB 50877—2014）。

1. 防火卷帘组件

防火卷帘是指由帘板、导轨、座板、门楣、箱体并配以卷门机和控制箱组成的，符合耐火完整性等要求的防火分隔物。

在防火验收中，通过对防火卷帘的设置部位、选型、外观、安装质量和系统功能等进行检查，核实防火卷帘的设置是否符合现行国家消防技术标准的要求。

2. 组件的安装质量

（1）防火卷帘的导轨运行平稳，没有脱轨和明显的倾斜现象。

（2）防火卷帘的控制器和手动按钮盒应分别安装在防火卷帘内外两侧的墙壁便于识别的位置，底边距地面高度宜为 1.3~1.5 m，并标出上升、下降、停止等功能。

3. 防火卷帘基本参数

（1）除中庭外，当防火分隔部位的宽度不大于 30 m 时，防火卷帘的宽度不应大于 10 m；当防火分隔部位的宽度大于 30 m 时，防火卷帘的宽度不应大于该部位宽度的 1/3，且不应大于 20 m，如图 2-26 所示。

（2）防火卷帘应具有火灾时自重自动关闭功能。

（3）除《建规》另有规定外，防火卷帘的耐火极限不应低于《建规》对所设置部位墙体的耐火极限要求。

当防火卷帘的耐火极限符合《门和卷帘耐火试验方法》（GB/T 7633—2008）有关耐火完整性和耐火隔热性的判定条件时，可不设置自动喷水灭火系统保护。

当防火卷帘的耐火极限仅符合《门和卷帘耐火试验方法》（GB/T 7633—2008）有关耐火完整性的判定条件时，应设置自动喷水灭火系统保护。自动喷水灭火系统的设计应符合《自动喷水灭火系统设计规范》（GB 50084—2017）的规定，但火灾延续时间不应小于该防火卷帘的耐火极限。

（4）防火卷帘应具有防烟性能，与楼板、梁、墙、柱之间的空隙应采用防火封堵材料封堵。

（5）需在火灾时自动降落的防火卷帘，应具有信号反馈的功能。

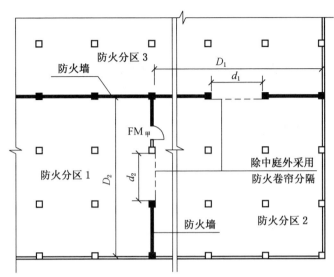

注：1. D 为某一防火分隔区域与相邻防火分隔区域之间需要
进行分隔的部位的总宽度。
2. d 为防火卷帘的宽度。
3. 当 $D_1(D_2) \leqslant 30$ m 时，$d_1(d_2) \leqslant 10$ m；当 $D_1(D_2) > 30$ m 时，
$d_1(d_2) \leqslant 1/3 D_1 (D_2)$，且 $d_1(d_2) \leqslant 20$ m。

图 2-26 防火卷帘的宽度要求

4. 防火卷帘功能测试

防火卷帘功能测试包括：防火卷帘控制器的火灾报警功能测试、自动控制功能测试、手动控制功能测试、故障报警功能测试、控制速放功能测试、备用电源功能测试，防火卷帘用卷门机的手动操作功能测试、电动启闭功能测试、自重下降功能测试、自动限位功能测试，防火卷帘的运行平稳性、电动启闭运行速度、运行噪声等功能测试。

具体的操作方法见《防火卷帘、防火门、防火窗施工及验收规范》（GB 50877—2014）。

5. 现场操作

（1）双帘面卷帘的两个帘面同时升降，两个帘面之间的高度差不大于 50 mm。

（2）垂直卷帘的电动启闭运行速度在 2~7.5 m/min 之间，其自重下降速度不大于 9.5 m/min。

（3）卷帘启、闭运行的平均噪声不大于 85 dB。

使用声级计在距卷帘表面的垂直距离 1 m、距地面的垂直距离 1.5 m 处水平测量卷帘启、闭运行的噪声。

（4）用于疏散通道、出口处的防火卷帘，当感烟探测器发出火灾报警信号后，防火卷帘由上限位降至 1.8 m 处定位，并向控制室的消防控制设备反馈中位信号，延时 5~60 s 后，继续下降至全闭，并向控制室的消防控制设备反馈各部位动作信号。

（五）防火阀验收方法

防火阀验收应依据《建规》9.3.11~9.3.13。

1. 设置位置和类型

防火阀验收的设置位置和类型见表 2-11。

表 2-11　防火阀验收的设置位置和类型

系统	设 置 部 位	防火阀类型
空调系统风管	（1）穿越防火分区处。 （2）穿越通风、空气调节机房的房间隔墙和楼板处。 （3）穿越重要或火灾危险性大的场所的房间隔墙和楼板处。 （4）穿越防火分隔处的变形缝两侧。 （5）竖向风管与每层水平风管交接处的水平管段上。 注意：当建筑内每个防火分区的通风、空气调节系统均独立设置时，水平风管与竖向总管的交接处可不设置防火阀	应设置公称动作温度为 70 ℃ 的防火阀
竖向风管	公共建筑的浴室、卫生间和厨房的竖向排风管，应采取防止回流措施	并宜在支管上设置公称动作温度为 70 ℃ 的防火阀

2. 技术参数

防火阀验收技术参数见表 2-12。

表 2-12　防火阀验收技术参数

检 查 内 容	具 体 方 法
设置防火阀处的风管要设置单独的支、吊架	在防火阀两侧各 2.0 m 范围内的风管及其绝热材料采用不燃材料。暗装防火阀时，安装部位要设置方便维护的检修口
阀门关闭方向	阀门顺气流方向关闭，防火分区隔墙两侧的防火阀距墙端面不大于 200 mm

（六）防烟分隔构件

防烟分隔构件主要是挡烟垂壁，挡烟垂壁是用不燃材料制成的。其从顶棚下垂的高度一般应距顶棚面 50 cm 以上，称为有效高度。挡烟垂壁分固定式和活动式两种。

挡烟垂壁验收应依据：

（1）《防排烟》。

（2）《挡烟垂壁》（GA 533—2012）。

挡烟垂壁验收方法见表2-13。

表 2-13　挡烟垂壁验收方法

内　容	具　体　方　法	对应规范条目
查看外观	设置永久性标志牌，标牌应牢固，标识清楚	《挡烟垂壁》（GA 533—2012）5.1.1
从顶棚下垂高度	一般应距顶棚面 50 cm 以上	《挡烟垂壁》（GA 533—2012）5.1.3
测量挡烟垂壁的搭接宽度	由两块或两块以上的挡烟垂帘组成的连续性挡烟垂壁，各块之间不应有缝隙，搭接宽度不应小于 100 mm 允许负偏差不得大于规定值的 5%	《防排烟》6.4.4
测量挡烟垂壁边沿与建筑物结构表面的最小距离	活动挡烟垂壁与建筑结构（柱或墙）面的缝隙不应大于 60 mm，测量值的允许正偏差不得大于规定值的 5%	《防排烟》6.4.4
测量挡烟垂壁的电动或机械下降速度和时间	活动式挡烟垂壁的运行速度应大于等于 0.07 m/s，运行到工作位置时间应不大于 60 s（使用秒表、卷尺测量）	《防排烟》5.2.5，《挡烟垂壁》（GA 533—2012）5.2.2
设置限位装置	当其运行至上、下限位时，能自动停止	《挡烟垂壁》（GA 533—2012）5.2.2
活动式挡烟垂壁能否自动下降至挡烟位置	采用加烟的方法使感烟探测器发出模拟火灾报警信号	《挡烟垂壁》（GA 533—2012）6.6.3，《防排烟》7.2.3

表 2-13（续）

内　容	具　体　方　法	对应规范条目
切断系统主电源供电	观察活动式挡烟垂壁是否能自动下降至挡烟工作位置	《挡烟垂壁》（GA 533—2012）5.2.2
手动操作按钮	活动挡烟垂壁的手动操作按钮应固定安装在距楼地面 1.3~1.5 m 之间便于操作、明显可见处	《防排烟》6.4.4

四、特殊部位防火分隔

（一）建筑幕墙（《建规》6.2.6）

玻璃幕墙的防火验收应注意以下几方面要求：

（1）对于不设窗间墙的玻璃幕墙，应在每层楼板外沿，设置耐火极限不低于 1.00 h、高度不低于 1.2 m 的不燃性实体墙或防火玻璃墙；当室内设置自动喷水灭火系统时，该部分墙体的高度不应小于 0.8 m。

（2）为了阻止火灾时幕墙与楼板、隔墙之间的洞隙蔓延火灾，幕墙与每层楼板交界处的水平缝隙和隔墙处的垂直缝隙，应该用防火封堵材料严密填实。

窗间墙、窗槛墙的填充材料应采用防火封堵材料，以阻止火灾通过幕墙与墙体之间的空隙蔓延。

玻璃幕墙的防火措施如图 2-27 所示。

（二）设备用房（《建规》6.2.7）

附设在建筑内的消防控制室、灭火设备室、消防水泵房和通风空气调节机房、变配电室等，应采用耐火极限不低于 2.00 h 的防火隔墙和 1.50 h 的楼板与其他部位分隔。

设置在丁、戊类厂房内的通风机房，应采用耐火极限不低于 1.00 h 的防火隔墙和 0.50 h 的楼板与其他部位分隔。

通风、空气调节机房和变配电室开向建筑内的门应采用甲级防火门，消防控制室和其他设备房开向建筑内的门应采用乙级防火门。

设备用房的防火措施如图 2-28 所示。

（三）电梯井等竖井（《建规》6.2.9）

建筑内的电梯井等竖井应符合下列规定：

（1）电梯井应独立设置，井内严禁敷设可燃气体和甲、乙、丙类液体管道，

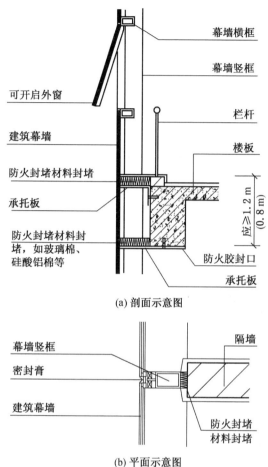

(a) 剖面示意图

(b) 平面示意图

注：当室内设置自动喷水灭火系统时，上、下
层开口之间的墙体高度执行括号内数字。

图 2-27 玻璃幕墙的防火措施

不应敷设与电梯无关的电缆、电线等。电梯井的井壁除设置电梯门、安全逃离出口通向洞外，不应设置其他开口。

（2）电缆井、管道井、排烟道、排气道、垃圾道等竖向井道，应分别独立设置。井壁的耐火极限不应低于 1.00 h，井壁上的检查门应采用丙级防火门。

（3）建筑内的电缆井、管道井应在每层楼板处采用不低于楼板耐火极限的不燃材料或防火封堵材料封堵。

（4）建筑内的垃圾道宜靠外墙设置，垃圾道的排气口应直接开向室外，垃圾斗应采用不燃材料制作，并应能自行关闭，如图 2-29 所示。

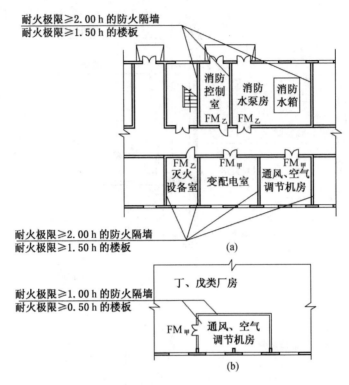

图 2-28　设备用房的防火措施

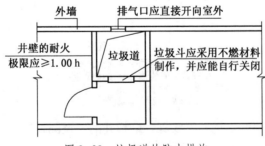

图 2-29　垃圾道的防火措施

（5）电梯层门的耐火极限不应低于 1.00 h，并应符合《电梯层门耐火试验　完整性、隔热性和热通量测定法》（GB/T 27903—2011）规定的完整性和隔热性要求。

（四）变形缝及管道空隙（《建规》6.3.4）

1. 变形缝

（1）变形缝内的填充材料和变形缝的构造基层应采用不燃材料。

（2）电线、电缆、可燃气体和甲、乙、丙类液体的管道不宜穿过建筑内的变形缝，确需穿过时，应在穿过处加设不燃材料制作的套管或采取其他防变形措施，并应采用防变形封堵材料封堵。

2. 防烟、排烟、供暖、通风和空气调节系统中的管道穿越防火隔墙、楼板处

（1）防烟、排烟、供暖、通风和空气调节系统中的管道及建筑内的其他管道，在穿越防火隔墙、楼板和防火墙处的孔隙应采用防火封堵材料封堵。

（2）风管穿过防火隔墙、楼板和防火墙处时，穿越处风管上的防火阀、排烟防火阀两侧各 2.0 m 范围内的风管应采用耐火风管或风管外壁应采取防火保护措施，且耐火极限不应低于该防火分隔体的耐火极限。

3. 其他部位

（1）建筑内受高温或火焰作用易变形的管道，在贯穿楼板部位和穿越防火隔墙的两侧宜采取阻火措施。

（2）建筑屋顶上的开口与邻近建筑或设施之间，应采取防止火灾蔓延的措施。

第四节　安全疏散设施

安全疏散设施验收应依据《建规》。

一、安全出口

（一）安全出口数量

每个防火分区以及同一防火分区的不同楼层的安全出口不应少于 2 个，当只设置 1 个安全出口时，应该符合《建规》规定的条件。

厂房、仓库、公共建筑、住宅允许设置 1 个安全出口要求，详见《建规》3.7.2、3.8.2、5.5.8、5.5.25。

1. 厂房

每座厂房的安全出口不应少于 2 个，当符合下列条件时可设置 1 个：

（1）甲类厂房，每层建筑面积不大于 100 m²，且同一时间的作业人数不超过 5 人。

（2）乙类厂房，每层建筑面积不大于 150 m²，且同一时间的作业人数不超过 10 人。

（3）丙类厂房，每层建筑面积不大于 250 m²，且同一时间的作业人数不超过 20 人。

（4）丁、戊类厂房，每层建筑面积不大于 400 m²，且同一时间的作业人数

不超过 30 人。

（5）地下或半地下厂房（包括地下或半地下室），每层建筑面积不大于 50 m²，且同一时间的作业人数不超过 15 人。

（6）地下或半地下厂房（包括地下或半地下室），当有多个防火分区相邻布置，并采用防火墙分隔时，每个防火分区可利用防火墙上通向相邻防火分区的甲级防火门作为第二安全出口，但每个防火分区必须至少有 1 个直通室外的独立安全出口。

2. 仓库

每座仓库的安全出口不应少于 2 个，当满足下列条件时可以设置 1 个：

（1）当一座仓库的占地面积不大于 300 m² 时，可设置 1 个安全出口。

（2）仓库内每个防火分区通向疏散走道、楼梯或室外的出口不宜少于 2 个，当防火分区的建筑面积不大于 100 m² 时，可设置 1 个出口。通向疏散走道或楼梯的门应为乙级防火门。

（3）地下或半地下仓库（包括地下或半地下室）的安全出口不应少于 2 个；当建筑面积不大于 100 m² 时，可设置 1 个安全出口。

（4）地下或半地下仓库（包括地下或半地下室），当有多个防火分区相邻布置并采用防火墙分隔时，每个防火分区可利用防火墙上通向相邻防火分区的甲级防火门作为第二安全出口，但每个防火分区必须至少有 1 个直通室外的安全出口。

（5）粮食筒仓上层面积小于 1000 m²，且作业人数不超过 2 人时，可设置 1 个安全出口。

3. 公共建筑

（1）符合下列条件之一的公共建筑，可设置 1 个安全出口或 1 部疏散楼梯：

① 除托儿所、幼儿园外，建筑面积不大于 200 m² 且人数不超过 50 人的单层公共建筑或多层公共建筑的首层。

② 除医疗建筑，老年人照料设施，托儿所、幼儿园的儿童用房，儿童游乐厅等儿童活动场所和歌舞娱乐放映游艺场所等外，符合表 2-14 规定的公共建筑。

表 2-14 可设置 1 部疏散楼梯的公共建筑

耐火等级	最多层数/层	每层最大建筑面积/m²	人数/人
一、二级	3	200	第二、三层的人数之和不超过 50

表 2-14（续）

耐火等级	最多层数/层	每层最大建筑面积/m²	人数/人
三级	3	200	第二、三层的人数之和不超过 25
四级	2	200	第二层人数不超过 15

③ 设置不少于 2 部疏散楼梯的一、二级耐火等级多层公共建筑，如顶层局部升高，当高出部分的层数不超过 2 层、人数之和不超过 50 人且每层建筑面积不大于 200 m² 时，高出部分可设置 1 部疏散楼梯，但至少应另外设置 1 个直通建筑主体上人平屋面的安全出口，且上人屋面应符合人员安全疏散的要求，如图 2-30 所示。

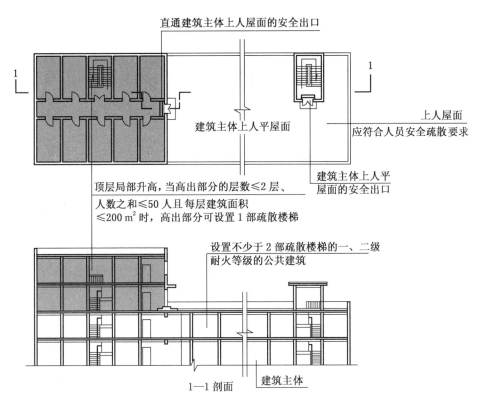

图 2-30 可设置 1 部疏散楼梯的一、二级耐火等级多层公共建筑

（2）一、二级耐火等级公共建筑内的安全出口全部直通室外确有困难的防

火分区，可利用通向相邻防火分区的甲级防火门作为安全出口，但应符合下列
要求：

① 利用通向相邻防火分区的甲级防火门作为安全出口时，应采用防火墙与
相邻防火分区进行分隔。

② 建筑面积大于 1000 m² 的防火分区，直通室外的安全出口不应少于 2 个；
建筑面积不大于 1000 m² 的防火分区，直通室外的安全出口不应少于 1 个。

③ 该防火分区通向相邻防火分区的疏散净宽度不应大于其按《建规》
5.5.21 规定计算所需疏散总净宽度的 30%，建筑各层直通室外的安全出口总净
宽度不应小于按照《建规》5.5.21 规定计算所需疏散总净宽度。

4. 住宅建筑

（1）建筑高度不大于 27 m 的建筑，当每个单元任一层的建筑面积不大于
650 m²，或任一户门至最近安全出口的距离不大于 15 m 时，每个单元每层的安
全出口可设 1 个。

（2）建筑高度大于 27 m、不大于 54 m 的建筑，当每个单元任一层的建筑面
积不大于 650 m²，或任一户门至最近安全出口的距离不大于 10 m 时，每个单元
每层的安全出口可设 1 个。

另外：

① 建筑高度大于 54 m 的建筑，每个单元每层的安全出口不应少于 2 个。

② 建筑高度大于 27 m，但不大于 54 m 的住宅建筑，每个单元设置一座疏散楼
梯时，疏散楼梯应通至屋面，且单元之间的疏散楼梯应能通过屋面连通，户门应采
用乙级防火门。当不能通至屋面或不能通过屋面连通时，应设置 2 个安全出口。

（二）安全出口间距

每个防火分区或一个防火分区的每个楼层，其相邻 2 个安全出口最近边缘之
间的水平距离不应小于 5 m，如图 2-31 所示。该条适用于所有建筑，详见《建
规》3.7.1、3.8.1、5.5.2。

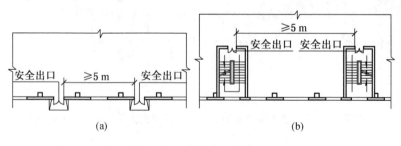

图 2-31 安全出口的布置

二、安全疏散距离

1. 各类建筑的安全疏散距离

1）厂房

厂房内任一点至最近安全出口的直线距离不应大于《建规》表 3.7.4 的规定。

2）公共建筑

（1）直通疏散走道的房间疏散门至最近安全出口的直线距离不应大于《建规》表 5.5.17 的规定。

（2）一、二级耐火等级建筑内疏散门或安全出口不少于 2 个的观众厅、展览厅、多功能厅、餐厅、营业厅等，其室内任一点至最近疏散安全出口的直线距离不应大于 30 m；当疏散门不能直通室外地面或疏散楼梯间时，应采用长度不大于 10 m 的疏散走道通至最近的安全出口。

3）住宅

直通疏散走道的户门至最近安全出口的直线距离不应大于《建规》表 5.5.29 的规定。

2. 重点提示

（1）建筑内开向敞开式外廊的房间疏散门至最近安全出口的直线距离可按《建规》表 5.5.17 的规定增加 5 m。

（2）直通疏散走道的房间疏散门至最近敞开楼梯间的直线距离，当房间位于两个楼梯间之间时，应按《建规》表 5.5.17 的规定减少 5 m；当房间位于袋形走道两侧或尽端时，应按《建规》表 5.5.17 的规定减少 2 m。

（3）建筑物内全部设置自动喷水灭火系统时，其安全疏散距离可按《建规》表 5.5.17 的规定增加 25%。即在全部设置自动喷水灭火系统时：第（1）项中安全疏散距离最大应为 $1.25x+5$ 和 $1.25y+2$，如图 2-32 所示；第（2）项中安全疏散距离最大应为 $1.25x-5$ 和 $1.25y-2$，如图 2-33 所示。

三、安全出口的宽度

（一）疏散总净宽度（《建规》5.5.21）

除剧场、电影院、礼堂、体育馆外的其他公共建筑，其房间疏散门、安全出口、疏散走道和疏散楼梯的各自总净宽度，应根据疏散人数按每 100 人的最小疏散净宽度不小于《建规》表 5.5.21-1 的规定计算确定。

（1）当每层疏散人数不等时，疏散楼梯的总净宽度可分层计算，地上建筑

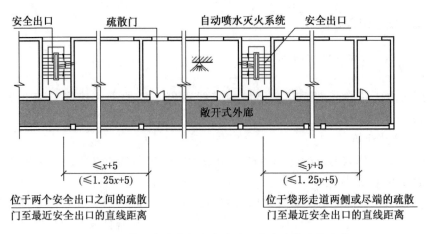

图 2-32 敞开式外廊且设自喷时，安全疏散直线距离

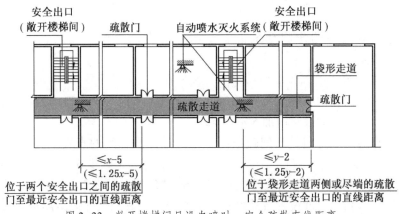

图 2-33 敞开楼梯间且设自喷时，安全疏散直线距离

内下层楼梯的总净宽度应按该层及以上疏散人数最多一层的人数计算；地下建筑内上层楼梯的总净宽度应按该层及以下疏散人数最多一层的人数计算。

（2）地下或半地下人员密集的厅、室和歌舞娱乐放映游艺场所，其房间疏散门、安全出口、疏散走道和疏散楼梯的各自总净宽度，应根据疏散人数按每100人不小于 1.00 m 计算确定。

（3）首层外门的总净宽度应按该建筑疏散人数最多一层的人数计算确定，不供其他楼层人员疏散的外门，可按本层的疏散人数计算确定。

（4）歌舞娱乐放映游艺场所中录像厅、放映厅的疏散人数，应根据厅、室的建筑面积按 1.0 人/m^2 计算；其他歌舞娱乐放映游艺场所的疏散人数，应根据厅、室的建筑面积按 0.5 人/m² 计算。

（5）有固定座位的场所，其疏散人数可按实际座位数的 1.1 倍计算。

（6）展览厅的疏散人数应根据展览厅的建筑面积和人员密度计算，展览厅内的人员密度宜按 0.75 人/m² 确定。

（7）商店的疏散人数应按每层营业厅的建筑面积乘以《建规》表 5.5.21-2 规定的人员密度计算。对于建材商店、家具和灯饰展示建筑，其人员密度可按《建规》表 5.5.21-2 规定值的 30% 确定。

（二）最小净宽度

疏散楼梯和楼梯间的首层疏散门、首层疏散外门、疏散走道的最小净宽度验收要点见《建规》3.7.5、5.5.18、5.5.19、5.5.30 的规定。

四、疏散门

（一）公共建筑内房间疏散门数量

公共建筑内房间的疏散门数量应经计算确定且不应少于 2 个。公共建筑可设置 1 个疏散门的验收要点详见《建规》5.5.15、5.5.16。

（1）公共建筑内房间的疏散门数量应经计算确定且不应少于 2 个。除托儿所、幼儿园、老年人建筑、医疗建筑、教学建筑内位于走道尽端的房间外，符合下列条件之一的房间可设置 1 个疏散门：

① 位于两个安全出口之间或袋形走道两侧的房间，对于托儿所、幼儿园、老年人建筑，建筑面积不大于 50 m²；对于医疗建筑、教学建筑，建筑面积不大于 75 m²；对于其他建筑或场所，建筑面积不大于 120 m²。

② 位于走道尽端的房间，建筑面积小于 50 m² 且疏散门的净宽度不小于 0.90 m，或由房间内任一点至疏散门的直线距离不大于 15 m、建筑面积不大于 200 m² 且疏散门的净宽度不小于 1.40 m。

③ 歌舞娱乐放映游艺场所内建筑面积不大于 50 m² 且经常停留人数不超过 15 人的厅、室。

（2）剧场、电影院、礼堂和体育馆的观众厅或多功能厅，其疏散门的数量应经计算确定且不应少于 2 个，并应符合下列规定：

对于剧场、电影院、礼堂的观众厅或多功能厅，每个疏散门的平均疏散人数不应超过 250 人；当容纳人数超过 2000 人时，其超过 2000 人的部分，每个疏散门的平均疏散人数不应超过 400 人。

（二）疏散门的间距

每个房间相邻两个疏散门最近边缘之间的水平距离不应小于 5 m，详见《建规》5.5.2。

（三）疏散门开启方向（《建规》6.4.11）

（1）民用建筑和厂房的疏散门，应采用向疏散方向开启的平开门，不应采用推拉门、卷帘门、吊门、转门和折叠门。除甲、乙类生产车间外，人数不超过60人且每樘门的平均疏散人数不超过30人的房间，其疏散门的开启方向不限。

（2）仓库的疏散门应采用向疏散方向开启的平开门，但丙、丁、戊类仓库首层靠墙的外侧可采用推拉门或卷帘门。

（四）实地测试

（1）开向疏散楼梯或疏散楼梯间的门，当其完全开启时，不应减少楼梯平台的有效宽度，如图2-34所示。

注：1. 住宅建筑高度≤18 m，一边设置栏杆时，b≥1.00 m，a≥b。
2. 住宅建筑高度>18 m时，b≥1.10 m，a≥b。

图2-34　开向疏散楼梯或疏散楼梯间的门的设置要求

（2）人员密集场所内平时需要控制人员随意出入的疏散门和设置门禁系统的住宅、宿舍、公寓建筑的外门，应保证火灾时不需使用钥匙等任何工具即能从内部易于打开，并应在显著位置设置具有使用提示的标识，如图2-35所示。

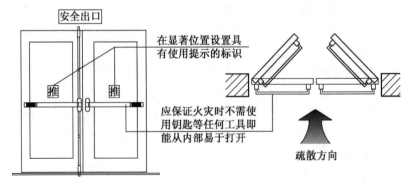

图2-35　疏散门和设置门禁系统的外门的设置要求

五、避难走道、下沉式广场与防火隔间

(一) 避难走道 (《建规》6.4.14)

避难走道与疏散走道验收要点对比表见表 2-15。

表 2-15　避难走道与疏散走道验收要点对比表

避难走道验收要点	疏散走道验收要点
避难走道两侧为耐火极限不应低于 3.00 h 的防火隔墙；避难走道楼板的耐火极限不应低于 1.50 h。 提示：隔墙必须砌至梁、板底部且不留缝隙	两侧隔墙：一、二耐火等级的建筑不于于 1.00 h，三级耐火等级的建筑不低于 0.50 h，四级耐火等级的建筑不低于 0.25 h
避难走道直通地面的出口不应少于 2 个，并应设置在不同方向。通向避难走道的门至最近直通地面的出口的距离不应大于 60 m	
避难走道的净宽度不应小于任一防火分区通向该避难走道的设计疏散总净宽度	单、多层公共建筑：1.10 m；厂房：1.40 m；住宅：1.10 m。高层公共建筑、高层医疗建筑单（双）面布房不同，见《建规》5.5.18
避难走道内部装修材料的燃烧性能应为 A 级	(1) 地上建筑的水平疏散走道，其顶棚应采用 A 级装修材料，其他部位应采用不低于 B₁ 级。 (2) 地下疏散走道，其顶棚、墙面和地面均采用 A 级装修材料
防火分区至避难走道入口处应设置防烟前室，前室的使用面积不应小于 6.0 m²，开向前室的门应采用甲级防火门，前室开向避难走道的门应采用乙级防火门	无前室要求
避难走道内应设置消火栓、消防应急照明、应急广播和消防专线电话	

避难走道的设置要求如图 2-36 所示。

(二) 下沉式广场

用于防火分隔的下沉式广场等室外开敞空间，应符合下列规定：

(1) 不同防火分区通向下沉式广场等室外开敞空间的开口最近边缘之间的

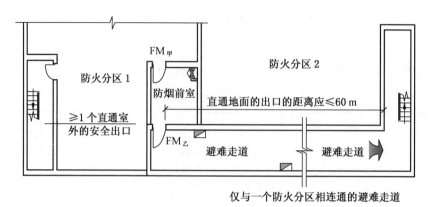

图 2-36　避难走道的设置要求

水平距离不应小于 13 m。室外开敞空间除用于人员疏散外不得用于其他商业或可能导致火灾蔓延的用途，其中用于疏散的净面积不应小于 169 m^2。

（2）下沉式广场等室外开敞空间内应设置不少于 1 部直通地面的疏散楼梯。当连接下沉式广场的防火分区需利用下沉式广场进行疏散时，疏散楼梯的总净宽度不应小于任一防火分区通向室外开敞空间的设计疏散总净宽度。

（3）确需设置防风雨篷时，防风雨篷不应完全封闭，四周开口部位应均匀布置，开口的面积不应小于该空间地面面积的 25%，开口高度不应小于 1.0 m；开口设置百叶时，百叶的有效排烟面积可按百叶通风口面积的 60% 计算，如图 2-37 所示。

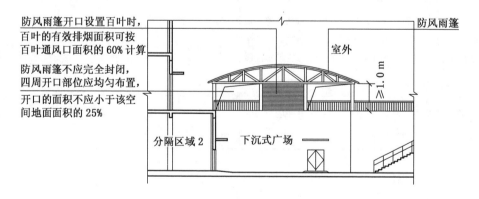

图 2-37　下沉式广场开口面积设置要求

（三）防火隔间

防火隔间的墙应为耐火极限不低于 3.00 h 的防火隔墙，还应符合以下列规定（图 2-38）：

（1）防火隔间的建筑面积不应小于 6.0 m²。

（2）防火隔间的门应采用甲级防火门。

（3）不同防火分区通向防火隔间的门不应计入安全出口，门的最小间距不应小于 4 m。

（4）防火隔间内部装修材料的燃烧性能应为 A 级。

（5）不应用于除人员通行外的其他用途。

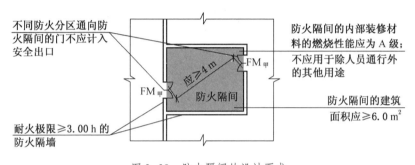

图 2-38　防火隔间的设计要求

六、疏散楼梯

（一）设置形式验收

1. 厂房（《建规》3.7.6）

（1）高层厂房和甲、乙、丙类多层厂房应采用封闭楼梯间或室外楼梯。

（2）建筑高度大于 32 m 且任一层人数超过 10 人的厂房，应采用防烟楼梯间或室外楼梯。

2. 仓库（《建规》3.8.7）

高层仓库应采用封闭楼梯间。

3. 公共建筑（《建规》5.5.12、5.5.13）

1）防烟楼梯间

一类高层公共建筑和建筑高度大于 32 m 的二类高层公共建筑。

2）封闭楼梯间

（1）裙房和建筑高度不大于 32 m 的二类高层公共建筑。

（2）下列多层公共建筑的疏散楼梯，除与敞开式外廊直接相连的楼梯间外，均应采用封闭楼梯间（图2-39）：

① 医疗建筑、旅馆及类似使用功能的建筑。

② 设置歌舞娱乐放映游艺场所的建筑。

③ 商店、图书馆、展览建筑、会议中心及类似使用功能的建筑。

④ 6层及以上的其他建筑。

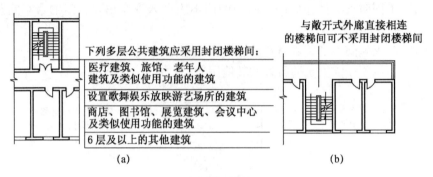

图2-39 需设封闭楼梯间的场所

4. 住宅（《建规》5.5.27）

（1）建筑高度≤21 m，可采用敞开楼梯间；与电梯井相邻布置的疏散楼梯应采用封闭楼梯间，当户门采用乙级防火门时，仍可采用敞开楼梯间。

（2）21 m<建筑高度≤33 m，应采用封闭楼梯间；当户门采用乙级防火门时，可采用敞开楼梯间。

（3）建筑高度>33 m，应采用防烟楼梯间。

同一楼层或单元的户门不宜直接开向前室，确有困难时，每层开向同一前室的户门不应大于3樘，且应采用乙级防火门。

5. 地下或半地下建筑（室）（《建规》6.4.4）

（1）室内地面与室外出入口地坪高差大于10 m或3层及以上的地下、半地下建筑（室），应采用防烟楼梯间。

（2）其他地下或半地下建筑（室），应采用封闭楼梯间。

（二）各类楼梯间验收要点

1. 一般通用规定

（1）楼梯间应能天然采光和自然通风，并宜靠外墙设置。靠外墙设置时，楼梯间、前室及合用前室外墙上的窗口与两侧门、窗、洞口最近边缘的水平距离不应小于1.0 m，如图2-40所示。

（2）楼梯间内不应设置烧水间、可燃材料储藏室、垃圾道。

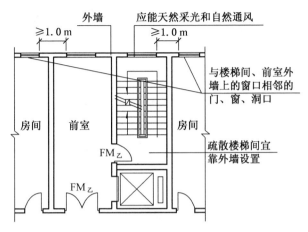

图 2-40 楼梯间应能天然采光和自然通风

（3）楼梯间内不应有影响疏散的凸出物或其他障碍物。

（4）封闭楼梯间、防烟楼梯间及其前室，不应设置卷帘。

（5）楼梯间内不应设置甲、乙、丙类液体管道。

（6）封闭楼梯间、防烟楼梯间及其前室内禁止穿过或设置可燃气体管道。敞开楼梯间内不应设置可燃气体管道，当住宅建筑的敞开楼梯间内确需设置可燃气体管道和可燃气体计量表时，应采用金属管和设置切断气源的阀门。

（7）除通向避难层错位的疏散楼梯外，建筑内的疏散楼梯间在各层的平面位置不应改变。

2. 封闭楼梯间

（1）不能自然通风或自然通风不能满足要求时，应设置机械加压送风系统或采用防烟楼梯间，如图 2-41 所示。

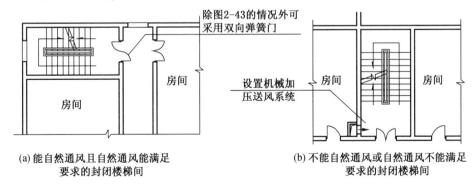

(a) 能自然通风且自然通风能满足　　　　　　(b) 不能自然通风或自然通风不能满足
　　　要求的封闭楼梯间　　　　　　　　　　　　　要求的封闭楼梯间

图 2-41 自然通风不能满足要求时封闭楼梯间的设置要求

（2）除楼梯间的出入口和外窗外，楼梯间的墙上不应开设其他门、窗、洞口，如图2-42所示。

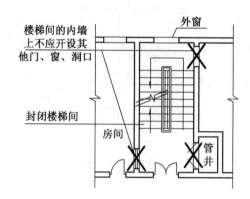

图2-42　楼梯间的墙上不应开设其他门、窗、洞口

（3）高层建筑，人员密集的公共建筑，人员密集的多层丙类厂房，甲、乙类厂房，其封闭楼梯间的门应采用乙级防火门，并应向疏散方向开启；其他建筑，可采用双向弹簧门，如图2-43所示。

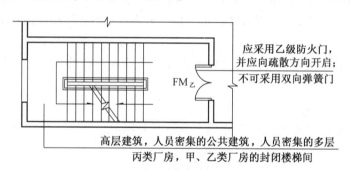

图2-43　封闭楼梯间门的设置要求

（4）楼梯间的首层可将走道和门厅等包括在楼梯间内形成扩大的封闭楼梯间，但应采用乙级防火门等与其他走道和房间分隔，如图2-44所示。

3. 防烟楼梯间

（1）防烟楼梯间应设置防烟设施。

防烟楼梯间的设置要求如图2-45所示。

（2）前室可与消防电梯间前室合用。

（3）前室的使用面积：公共建筑、高层厂房（仓库），不应小于6.0 m²；住

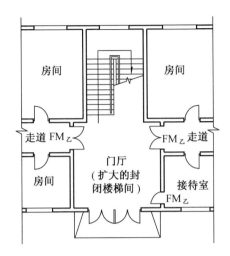

图 2-44　扩大封闭楼梯间的设置要求

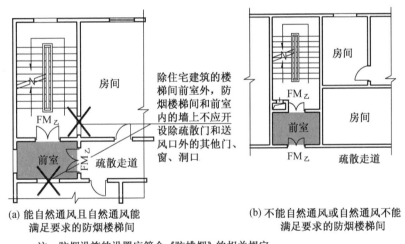

(a) 能自然通风且自然通风能满足要求的防烟楼梯间

(b) 不能自然通风或自然通风不能满足要求的防烟楼梯间

注：防烟设施的设置应符合《防排烟》的相关规定。

图 2-45　防烟楼梯间的设置要求

宅建筑，不应小于 4.5 m^2。

与消防电梯间前室合用时，合用前室的使用面积：公共建筑、高层厂房（仓库），不应小于 10.0 m^2；住宅建筑，不应小于 6.0 m^2。

（4）疏散走道通向前室以及前室通向楼梯间的门应采用乙级防火门。

（5）除楼梯间和前室的出入口、楼梯间和前室内设置的正压送风口和住宅建筑的楼梯间前室外，防烟楼梯间和前室的墙上不应开设其他门、窗、洞口。

（6）楼梯间的首层可将走道和门厅等包括在楼梯间前室内形成扩大的前室，但应采用乙级防火门等与其他走道和房间分隔，如图 2-46 所示。

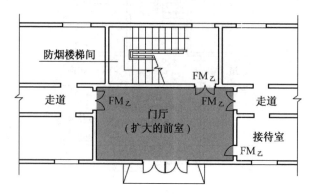

图 2-46　楼梯间的首层扩大的前室的设置

4. 室外疏散楼梯

室外疏散楼梯应符合下列规定：

（1）栏杆扶手的高度不应小于 1.10 m，楼梯的净宽度不应小于 0.90 m。

（2）倾斜角度不应大于 45°。

（3）梯段和平台均应采用不燃材料制作。平台的耐火极限不应低于 1.00 h，梯段的耐火极限不应低于 0.25 h。

（4）通向室外楼梯的门应采用乙级防火门，并应向外开启。

（5）除疏散门外，楼梯周围 2 m 内的墙面上不应设置门、窗、洞口。疏散门不应正对梯段，如图 2-47 所示。

5. 剪刀楼梯

1）住宅的剪刀楼梯

住宅单元的疏散楼梯，当分散设置确有困难且任一户门至最近疏散楼梯间入口的距离不大于 10 m 时，可采用剪刀楼梯间，但应符合下列规定：

（1）应采用防烟楼梯间。

（2）梯段之间应设置耐火极限不低于 1.00 h 的防火隔墙。

（3）楼梯间的前室不宜共用；共用时，前室的使用面积不应小于 6.0 m²。

（4）楼梯间的前室或共用前室不宜与消防电梯的前室合用；合用时，合用前室的使用面积不应小于 12.0 m²，且短边不应小于 2.4 m。

（5）两个楼梯间的加压送风系统不宜合用；合用时，应符合国家现行有关

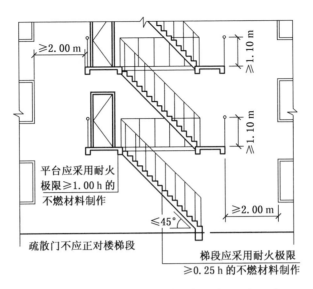

图 2-47　室外楼梯周围 2 m 内的墙面上不应设置门、窗、洞口

标准的规定。

2）高层公共建筑的剪刀楼梯

高层公共建筑的疏散楼梯，当分散设置确有困难且从任一疏散门至最近疏散楼梯间入口的距离小于 10 m 时，可采用剪刀楼梯间，但应符合下列规定：

（1）楼梯间应为防烟楼梯间。

（2）梯段之间应设置耐火极限不低于 1.00 h 的防火隔墙。

（3）楼梯间的前室应分别设置。

（4）楼梯间内的加压送风系统不应合用。

6. 地下或半地下建筑（室）的疏散楼梯间

（1）应在首层采用耐火极限不低于 2.00 h 的防火隔墙与其他部位分隔并应直通室外，确需在隔墙上开门时，应采用乙级防火门，如图 2-48 所示。

（2）建筑的地下或半地下部分与地上部分不应共用楼梯间，确需共用楼梯间时，应在首层采用耐火极限不低于 2.00 h 的防火隔墙和乙级防火门将地下或半地下部分与地上部分的连通部位完全分隔，并应设置明显的标志，如图 2-49 所示。

7. 其他验收要求

（1）疏散用楼梯和疏散通道上的阶梯不宜采用螺旋楼梯和扇形踏步；确需采用时，踏步上、下两级所形成的平面角度不应大于 10°，且每级离扶手 250 mm

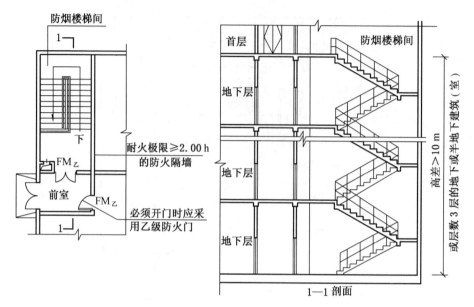

图 2-48　地下或半地下建筑（室）的疏散楼梯间的设置要求

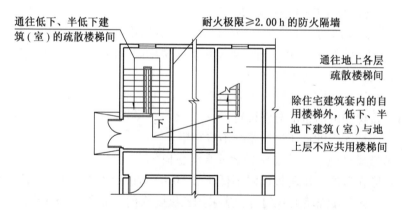

图 2-49　地下或半地下部分与地上部分不应共用楼梯间的设置要求

处的踏步深度不应小于 220 mm，如图 2-50 所示。

（2）建筑内的公共疏散楼梯，其两梯段及扶手间的水平净距不宜小于 150 mm，如图 2-51 所示。

（3）高度大于 10 m 的三级耐火等级建筑应设置通至屋顶的室外消防梯。室外消防梯不应面对老虎窗，宽度不应小于 0.6 m，且宜从离地面 3.0 m 高处设置

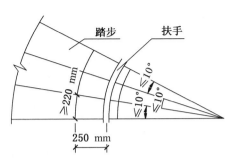

图 2-50　疏散楼梯和疏散通道上阶梯踏步的设置要求

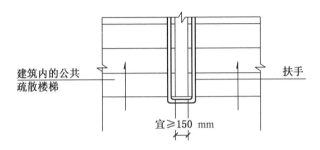

图 2-51　公共疏散楼梯两梯段及扶手间的水平净距

(《建规》6.4.9)，如图 2-52 所示。

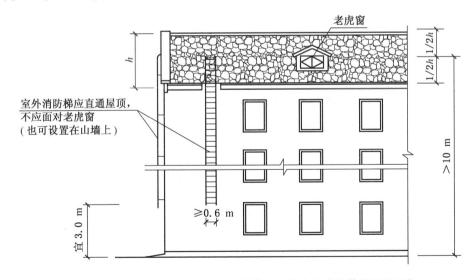

图 2-52　高度大于 10 m 的三级耐火等级建筑室外消防梯的设置要求

79

（三）现场验收要点及方法

楼梯现场验收要点及方法见表2-16。

表2-16 楼梯现场验收要点及方法

验收要点	具体方法
沿楼梯全程检查安全性和畅通性	除与地下室连通的楼梯、超高层建筑中通向避难层的楼梯外，疏散楼梯间在各层的平面位置不得改变，必须上下直通
楼梯净宽度的测量	在设计人数最多的楼层，选择疏散楼梯扶手与楼梯隔墙之间相对较窄处测量疏散楼梯的净宽度，并核查与消防设计文件的一致性。每部楼梯的测量点不少于5个
前室使用面积的测量	前室使用面积，应该是净面积，负误差均不能大于规定值的5%

七、避难层（间）

避难层和避难间验收要点见表2-17。

表2-17 避难层和避难间验收要点

类型	内容	验收要点	对应规范条目
避难层（间）	设置范围	建筑高度大于100 m的公共建筑和住宅建筑，应设置避难层（间）	《建规》5.5.23
	平面布置	第一个避难层（间）的楼地面至灭火救援场地地面的高度不应大于50 m，两个避难层（间）之间的高度不宜大于50 m	
	疏散楼梯	通向避难层的疏散楼梯应在避难层分隔、同层错位或上下层断开（图2-53）	
	净面积	应能满足设计避难人数避难的要求，并宜按5.0人/m² 计算	
	防火分隔	（1）易燃、可燃液体或气体管道应集中布置，设备管道区应采用耐火极限不低于3.00 h的防火隔墙与避难区分隔。（2）管道井和设备间应采用耐火极限不低于2.00 h的防火隔墙与避难区分隔，管道井和设备间的门不应直接开向避难区；确需直接开向避难区时，与避难层区出入口的距离不应小于5 m，且应采用甲级防火门	

表 2-17（续）

类型	内容	验 收 要 点	对应规范条目
高层病房楼避难间	面积大小	避难间服务的护理单元不应超过 2 个，其净面积应按每个护理单元不小于 25.0 m² 确定	《建规》5.5.24
	防火分隔	应靠近楼梯间，并应采用耐火极限不低于 2.00 h 的防火隔墙和甲级防火门与其他部位分隔	
	设置范围	高层病房楼应在二层及以上的病房楼层和洁净手术部应设置避难间	

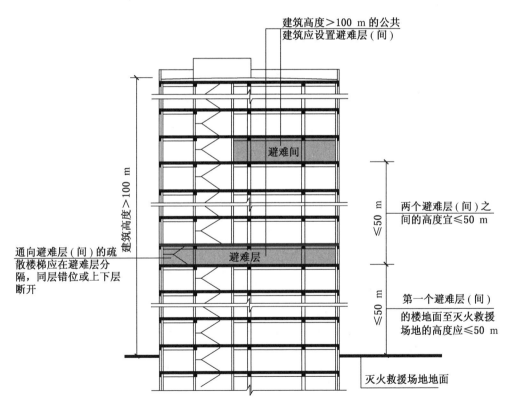

图 2-53　建筑高度＞100 m 的公共建筑避难层（间）设置位置要求

八、直升机停机坪

(一) 直升机停机坪的设置范围

建筑高度大于 100 m 且标准层建筑面积大于 2000 m² 的公共建筑, 宜在屋顶设置直升机停机坪或供直升机救助的设施。

(二) 直升机停机坪的验收要点

(1) 设置在屋顶平台上时, 距离设备机房、电梯机房、水箱间、共用天线等突出物不应小于 5 m。

(2) 建筑通向停机坪的出口不应少于 2 个, 每个出口的宽度不宜小于 0.90 m。

(3) 四周应设置航空障碍灯, 并应设置应急照明。

(4) 在停机坪的适当位置应设置消火栓。

(5) 其他要求应符合国家航空管理有关标准的规定。

第五节　建　筑　防　爆

建筑防爆的验收应依据《建规》。

一、验收要点

有爆炸危险的甲、乙类厂库房应该满足建筑防爆要求, 验收要点见表2-18。

表2-18　建筑防爆验收要点

内容	要　点	对应规范条目
结构	(1) 有爆炸危险的甲、乙类厂房宜独立设置, 并宜采用敞开或半敞开式。 (2) 其承重结构宜采用钢筋混凝土或钢框架、排架结构	《建规》3.6.1
地下仓库	甲、乙类厂库房不应设置在地下或半地下	《建规》3.3.4
变、配电所	(1) 不应设置在甲、乙类厂房内或贴邻, 且不应设置在爆炸性气体、粉尘环境的危险区域内。 (2) 供甲、乙类厂房专用的 10 kV 及以下的变、配电站, 当采用无门、窗、洞口的防火墙分隔时, 可一面贴邻	《建规》3.3.8
干式除尘器和过滤器	(1) 宜布置在厂房外的独立建筑内, 且外墙与所属厂房的防火间距不得小于 10 m。 (2) 对符合一定条件可以布置在厂房内的单独房间内时	《建规》9.3.7

表 2-18（续）

内容	要　点	对应规范条目
总控制室与分控制室	（1）总控制室应独立设置。 （2）分控制室宜独立设置，当贴邻外墙设置时，应采用耐火极限不低于 3.00 h 的防火隔墙与其他部位分隔	《建规》3.6.8、3.6.9
爆炸危险的部位	（1）宜布置在单层厂房靠外墙的泄压设施或多层厂房顶层靠外墙的泄压设施附近。 （2）有爆炸危险的设备宜避开厂房的梁、柱等主要承重构件布置	《建规》3.6.7
办公室、休息室	（1）办公室、休息室与甲、乙类厂房贴邻，应采用耐火极限不低于 3.00 h 的防爆墙+独立的安全出口。 （2）办公室、休息室等严禁设置在甲、乙类仓库内，也不应贴邻	《建规》3.3.5、3.3.9
泄压设施的设置	（1）泄压设施宜采用轻质屋面板、轻质墙体和易于泄压的门、窗等，应采用安全玻璃等在爆炸时不产生尖锐碎片的材料。 （2）泄压设施的设置应避开人员密集场所和主要交通道路，并宜靠近有爆炸危险的部位。 （3）作为泄压设施的轻质屋面板和墙体的质量不宜大于 60 kg/m²。 （4）散发较空气轻的可燃气体、可燃蒸气的甲类厂房，宜采用轻质屋面板作为泄压面积。顶棚应尽量平整、无死角，厂房上部空间应通风良好	《建规》3.6.3、3.6.5
其他	门斗的隔墙应为耐火极限不应低于 2.00 h 的防火隔墙，门应采用甲级防火门并应与楼梯间的门错位设置。甲、乙、丙类液体厂房管、沟、不发火花的地面等要求	《建规》3.6.5、3.6.6、3.6.10～3.6.12

二、难点剖析

（一）总平面布局

（1）有爆炸危险的甲、乙类厂房宜独立设置，并宜采用敞开或半敞开式。其承重结构宜采用钢筋混凝土或钢框架、排架结构，如图 2-54 所示。

（2）有爆炸危险的厂房、库房与周围建筑物、构筑物应保持一定的防火间距。如甲类厂房与民用建筑的防火间距不应小于 25 m，与重要公共建筑的防火间距不应小于 50 m，与明火或散发火花地点的防火间距不应小于 30 m。甲类库房与重要公共建筑物的防火间距不应小于 50 m，与民用建筑和明火或散发火花地点的防火间距按其储存物品性质不同为 25～40 m。

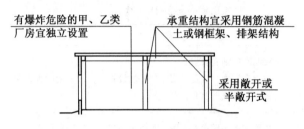

图 2-54　有爆炸危险的甲、乙类厂房宜独立设置

（二）平面和空间布置

1. 地下、半地下室

（1）甲、乙类生产场所不应设置在地下或半地下。

（2）甲、乙类仓库也不应设置在地下或半地下。

2. 中间仓库

（1）厂房内设置甲、乙类中间仓库时，其储量不宜超过1昼夜的需要量。对易燃、易爆的甲、乙类物品需用量较少的厂房，则可适当放宽为存放1~2昼夜的用量；如1昼夜需用量较大，则应严格控制为1昼夜用量。

（2）中间仓库应靠外墙布置，并应采用防火墙和耐火极限不低于1.50 h的不燃性楼板与其他部分隔开，中间仓库最好设置直通室外的出口。

3. 办公室、休息室

（1）甲、乙类厂房内不应设置办公室、休息室。当办公室、休息室必须与本厂房贴邻建造时，其耐火等级不应低于二级，并应采用耐火极限不低于3.00 h的不燃性防爆墙隔开和设置独立的安全出口。甲、乙类仓库内严禁设置办公室、休息室等，并不应贴邻建造。

（2）有爆炸危险的甲、乙类生产过程中产生爆炸事故时，其冲击波有很大的摧毁力，普通的砖墙很难抗御，即使原来墙体耐火极限很高，也会因墙体破坏失去性能，故要采用有一定抗爆强度的防爆墙。防爆墙为在墙体任意一侧受到爆炸冲击波作用并达到设计压力时，能够保持设计所要求的防护性能的墙体。

（3）有爆炸危险的厂房若发生爆炸，在泄压墙面或其他泄压设施还未来得及泄压以前，在数毫秒内，其他各墙已承受了内部压力，因此，防爆墙的具体设计，应根据生产部位可能产生的爆炸超压值、泄压面积大小、爆炸的概率与建造成本等情况综合考虑。

防爆墙通常有钢筋混凝土墙、砖墙配筋、夹砂钢木板几种。

4. 变、配电所

（1）变、配电站不应设置在甲、乙类厂房内或贴邻，且不应设置在爆炸性气体、粉尘环境的危险区域内。供甲、乙类厂房专用的 10 kV 及以下的变、配电站，当采用无门、窗、洞口的防火墙分隔时，可一面贴邻，并应符合《爆炸危险环境电力装置设计规范》(GB 50058—2014) 等标准的规定。乙类厂房的配电站确需在防火墙上开窗时，应采用甲级防火窗。

（2）对乙类厂房的配电所，如氨压缩机房的配电所，为观察设备、仪表运转情况，需要设观察窗，故作了适当放宽，允许在配电所的防火墙上设置不燃烧体的密封固定甲级防火窗。

5. 干式除尘器和过滤器

净化有爆炸危险粉尘的干式除尘器和过滤器宜布置在厂房外的独立建筑内，且建筑外墙与所属厂房的防火间距不得小于 10 m。对符合一定条件可以布置在厂房内的单独房间内时，需检查是否采用耐火极限分别不低于 3.00 h 的防火隔墙和 1.50 h 的楼板与其他部位分隔。

6. 总控制室与分控制室

（1）有爆炸危险的甲、乙类厂房的总控制室应独立设置，如图 2-55 所示。

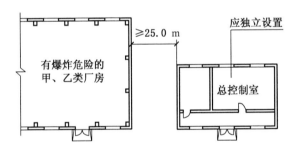

图 2-55　总控制室应独立设置

（2）有爆炸危险的甲、乙类厂房的分控制室宜独立设置，当贴邻外墙设置时，应采用耐火极限不低于 3.00 h 的防火隔墙与其他部位分隔，如图 2-56 所示。

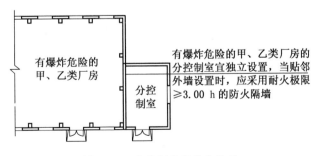

图 2-56　分控制室宜独立设置

7. 有爆炸危险的部位

（1）有爆炸危险的甲、乙类生产部位，宜布置在单层厂房靠外墙的泄压设施或多层厂房靠外墙的泄压设施附近。

有爆炸危险的设备宜避开厂房的梁、柱等主要承重构件布置。

（2）生产、使用或储存相同爆炸物品的房间，应尽量集中在一个区域，这样便于对防火墙等防爆建筑结构的处理。性质不同的危险物品的生产应分开，如乙炔与氧气必须分开。

8. 其他平面和空间布置

（1）散发较空气重的可燃气体、可燃蒸气的甲类厂房和有粉尘、纤维爆炸危险的乙类厂房，应符合下列规定：

① 应采用不发火花的地面。采用绝缘材料作整体面层时，应采取防静电措施。

② 散发可燃粉尘、纤维的厂房，其内表面应平整、光滑，并易于清扫。

③ 厂房内不宜设置地沟，确需设置时，其盖板应严密，地沟应采取防止可燃气体、可燃蒸气和粉尘、纤维在地沟积聚的有效措施，且应在与相邻厂房连通处采用防火材料密封。

（2）有爆炸危险区域内的楼梯间、室外楼梯或有爆炸危险的区域与相邻区域连通处，应设置门斗等防护措施。门斗的隔墙应为耐火极限不应低于 2.00 h 的防火隔墙，门应采用甲级防火门并应与楼梯间的门错位设置。

（3）使用和生产甲、乙、丙类液体的厂房，其管、沟不应与相邻厂房的管、沟相通，下水道应设置隔油设施。

（4）甲、乙、丙类液体仓库应设置防止液体流散的设施。遇湿会发生燃烧爆炸的物品，仓库应采取防止水浸渍的措施。

（5）有粉尘爆炸危险的筒仓，其顶部盖板应设置必要的泄压设施。

粮食筒仓工作塔和上通廊的泄压面积应按《建规》3.6.4 的规定计算确定。有粉尘爆炸危险的其他粮食储存设施应采取防爆措施。

（6）有爆炸危险的仓库或仓库内有爆炸危险的部位，宜按《建规》3.6 的规定采取防爆措施、设置泄压设施，如图 2-57 所示。

（三）泄压设施的设置

（1）有爆炸危险的厂房或厂房内有爆炸危险的部位应设置泄压设施。

（2）泄压设施宜采用轻质屋面板、轻质墙体和易于泄压的门、窗等，应采用安全玻璃等在爆炸时不产生尖锐碎片的材料。

（3）泄压设施的设置应避开人员密集场所和主要交通道路，并宜靠近有爆

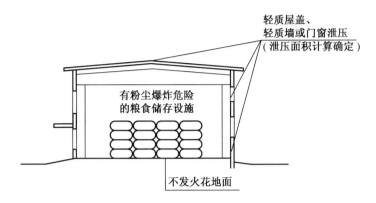

图 2-57 爆炸危险的仓库的防爆泄压设施

炸危险的部位，如图 2-58 所示。

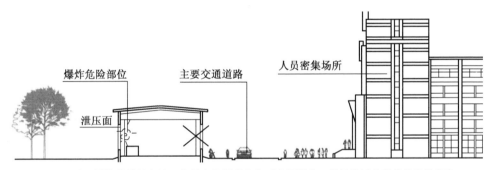

注：泄压设施的设置应避开人员密集场所和主要交通道路，并且靠近有爆炸危险的部位。

图 2-58 泄压设施的设置

（4）作为泄压设施的轻质屋面板和墙体的质量不宜大于 60 kg/m²。

（5）屋顶上的泄压设施应采取防冰雪积聚措施。

（6）散发较空气轻的可燃气体、可燃蒸气的甲类厂房，宜采用轻质屋面板作为泄压面积。顶棚应尽量平整、无死角，厂房上部空间应通风良好。

（四）泄压面积计算

1. 基本公式

根据《建规》，有爆炸危险的甲、乙类厂房，其泄压面积宜按式（2-1）计算，但当厂房的长径比大于 3 时，宜将该建筑划分为长径比小于等于 3 的多个计算段，各计算段中的公共截面不得作为泄压面积：

$$A = 10CV^{2/3} \qquad (2-1)$$

式中　A——泄压面积，m^2；

　　　V——厂房的容积，m^3；

　　　C——厂房容积为 1000 m^3 时的泄压比，其值可按《建规》表 3.6.4 选取，m^2/m^3。

长径比为建筑平面几何外形尺寸中的最长尺寸与其横截面周长的积和 4.0 倍的建筑横截面积之比。

2. 段数估算

一般来说：

（1）长径比为（3，6]，分两段计算。

（2）长径比为（6，9]，分三段计算。

（3）长径比为（9，12]，分四段计算。

3. 不规则平面

式（2-1）适用于矩形建筑平面。对于不规则平面，如 L 形厂房，需要分段计算。

例如：计算图 2-59 中厂房的泄压面积。建筑高度为 $H_A = 6.0$ m；$H_B = 5.0$ m。

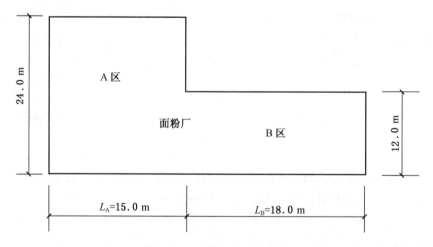

图 2-59　面粉厂房的平面图

解：

（1）查表，得 $C = 0.055$ m^2/m^3。

（2）计算厂房的长径比（A、B 两段分别计算）。

A 段厂房宽度 15.0 m：

$24.0 \times (15.0 + 6.0) \times 2 / (4 \times 15.0 \times 6.0) = 1008/360 = 2.8 < 3$。

B 段厂房宽度 12.0 m：

$18.0×(12.0+5.0)×2/(4×12.0×5.0)=612/249=2.6<3$。

因此，该结果符合泄压面积的计算公式的条件。

（3）计算厂房的体积 V。

$V_A=24.0×15.0×6.0=2160(m^3)$。

$V_B=18.0×12.0×5.0=1080(m^3)$。

（4）计算厂房的泄压面积。

$S_A=10×0.055×2160^{2/3}=0.55×167=91.9(m^2)$。

$S_B=10×0.055×1080^{2/3}=0.55×105.3=57.9(m^2)$。

因此，厂房 A 段需要泄压面积 91.9 m²，厂房 B 段需要泄压面积 57.9 m²。

第六节　建筑内装修与外保温防火

一、建筑内装修

（一）各类建筑不同部位材料燃烧性能等级验收

各类建筑不同部位材料燃烧性能等级验收应该依据《内装修》。

各类建筑不同部位材料燃烧性能等级验收要点见表 2-19。

表 2-19　各类建筑不同部位材料燃烧性能等级验收要点

内容	要　点	对应规范条目
特别场所和部位	水平疏散走道和安全出口的门厅、疏散楼梯间和前室、中庭、变形缝、无窗房间、消防设备用房、厨房、使用明火的餐厅和科研试验室、民用建筑内的库房或贮藏间等，其顶棚、墙面、地面及其他部位应该满足相应要求	《内装修》4.0.1~4.0.20
各类建筑各部位燃烧性能等级	（1）单层、多层民用建筑。 （2）高层民用建筑。 （3）地下民用建筑	《内装修》5.1.1、5.2.1、5.3.1
绝热材料	照明灯具及电气设备、线路的高温部位，当靠近非 A 级装修材料或构件时，应采取隔热、散热等防火保护措施，与窗帘、帷幕、幕布、软包等装修材料的距离不应小于 500 mm；灯饰应采用不低于 B₁ 级的装修材料	《内装修》4.0.6

表 2-19 (续)

内容	要　点	对应规范条目
电气配件	建筑内部的配电箱、控制面板、接线盒、开关、插座等不应直接安装在低于 B₁ 级的装修材料上；用于顶棚和墙面装修的木质类板材，当内部含有电器、电线等物体时，应采用不低于 B₁ 级的装修材料	《内装修》4.0.7
允许放宽条件	(1) 单层、多层民用建筑允许放宽条件。 (2) 高层公共建筑允许放宽条件	《内装修》5.1.2、5.1.3
不能放宽的建筑	(1)《内装修》第 4 章规定的场所。 (2) 存放文物、纪念展览物品、重要图书、档案、资料的场所，歌舞娱乐游艺场所，A、B 级电子信息系统机房及装有重要机器、仪器的房间	

其他验收要点：

(1) 建筑内部装修不应擅自减少、改动、拆除、遮挡消防设施、疏散指示标志、安全出口、疏散出口、疏散走道和防火分区、防烟分区等。

(2) 建筑内部消火栓箱门不应被装饰物遮掩，消火栓箱门四周的装修材料颜色应与消火栓箱门的颜色有明显区别或在消火栓箱门表面设置发光标志。

(3) 疏散走道和安全出口的顶棚、墙面不应采用影响人员安全疏散的镜面反光材料。

(4) 展览性场所装修设计应符合下列规定：

① 展台材料应采用不低于 B₁ 级的装修材料。

② 在展厅设置电加热设备的餐饮操作区内，与电加热设备贴邻的墙面、操作台均应采用 A 级装修材料。

③ 展台与卤钨灯等高温照明灯具贴邻部位的材料应采用 A 级装修材料。

(5) 住宅建筑装修设计尚应符合下列规定：

① 不应改动住宅内部烟道、风道。

② 厨房内的固定橱柜宜采用不低于 B₁ 级的装修材料。

③ 卫生间顶棚宜采用 A 级装修材料。

④ 阳台装修宜采用不低于 B₁ 级的装修材料。

(6) 照明灯具及电气设备、线路的高温部位，当靠近非 A 级装修材料或构件时，应采取隔热、散热等防火保护措施，与窗帘、帷幕、幕布、软包等装修材料的距离不应小于 500 mm；灯饰应采用不低于 B₁ 级的材料。

(7) 建筑内部的配电箱、控制面板、接线盒、开关、插座等不应直接安装

在低于 B_1 级的装修材料上；用于顶棚和墙面装修的木质类板材，当内部含有电器、电线等物体时，应采用不低于 B_1 级的材料。

（二）各类分部装修工程验收

各类分部装修工程验收应该依据《内装修验收》。

1. 基本规定（《内装修验收》2.0.1~2.0.9）

（1）进入施工现场的装修材料应完好，并应核查其燃烧性能或耐火极限、防火性能型式检验报告、合格证书等技术文件是否符合防火设计要求。核查、检验时，应按《内装修验收》附录 B 的要求填写进场验收记录。

（2）装修材料进入施工现场后，应按《内装修验收》的有关规定，在监理单位或建设单位监督下，由施工单位有关人员现场取样，并应由具备相应资质的检验单位进行见证取样检验。

（3）建筑工程内部装修不得影响消防设施的使用功能。装修施工过程中，当确需变更防火设计时，应经原设计单位或具有相应资质的设计单位按有关规定进行。

（4）装修施工过程中，应分阶段对所选用的防火装修材料按《内装修验收》的规定进行抽样检验。对隐蔽工程的施工，应在施工过程中及完工后进行抽样检验。现场进行阻燃处理、喷涂、安装作业的施工，应在相应的施工作业完成后进行抽样检验。

2. 纺织织物子分部装修工程（《内装修验收》3.0.1~3.0.4）

用于建筑内部装修的纺织织物可分为天然纤维织物和合成纤维织物。

（1）纺织织物施工应检查下列文件和记录：

① 纺织织物燃烧性能等级的设计要求。

② 纺织织物燃烧性能型式检验报告、进场验收记录和抽样检验报告。

③ 现场对纺织织物进行阻燃处理的施工记录及隐蔽工程验收记录。

（2）下列材料进场应进行见证取样检验：

① B_1、B_2 级纺织织物。

② 现场对纺织织物进行阻燃处理所使用的阻燃剂。

（3）下列材料应进行抽样检验：

① 现场阻燃处理后的纺织织物，每种取 2 m^2 检验燃烧性能。

② 施工过程中受湿浸、燃烧性能可能受影响的纺织织物，每种取 2 m^2 检验燃烧性能。

3. 木质材料子分部装修工程（《内装修验收》4.0.1~4.0.4）

用于建筑内部装修的木质材料可分为天然木材和人造板材。

（1）木质材料施工应检查下列文件和记录：

① 木质材料燃烧性能等级的设计要求。

② 木质材料燃烧性能型式检验报告、进场验收记录和抽样检验报告。

③ 现场对木质材料进行阻燃处理的施工记录及隐蔽工程验收记录。

（2）下列材料进场应进行见证取样检验：

① B_1 级木质材料。

② 现场进行阻燃处理所使用的阻燃剂及防火涂料。

（3）下列材料应进行抽样检验：

① 现场阻燃处理后的木质材料，每种取 4 m^2 检验燃烧性能。

② 表面进行加工后的 B_1 级木质材料，每种取 4 m^2 检验燃烧性能。

4. 高分子合成材料子分部装修工程（《内装修验收》5.0.1~5.0.4）

用于建筑内部装修的高分子合成材料可分为塑料、橡胶及橡塑材料。

（1）高分子合成材料施工应检查下列文件和记录：

① 高分子合成材料燃烧性能等级的设计要求。

② 高分子合成材料燃烧性能型式检验报告、进场验收记录和抽样检验报告。

③ 现场对泡沫塑料进行阻燃处理的施工记录及隐蔽工程验收记录。

（2）下列材料进场应进行见证取样检验：

① B_1、B_2 级高分子合成材料。

② 现场进行阻燃处理所使用的阻燃剂及防火涂料。

（3）现场阻燃处理后的泡沫塑料应进行抽样检验，每种取 0.1 m^3 检验燃烧性能。

5. 复合材料子分部装修工程（《内装修验收》6.0.1~6.0.4）

用于建筑内部装修的复合材料，包括不同种类材料按不同方式组合而成的材料组合体。

（1）复合材料施工应检查下列文件和记录：

① 复合材料燃烧性能等级的设计要求。

② 复合材料燃烧性能型式检验报告、进场验收记录和抽样检验报告。

③ 现场对复合材料进行阻燃处理的施工记录及隐蔽工程验收记录。

（2）下列材料进场应进行见证取样检验：

① B_1、B_2 级复合材料。

② 现场进行阻燃处理所使用的阻燃剂及防火涂料。

（3）现场阻燃处理后的复合材料应进行抽样检验，每种取 4 m^2 检验燃烧性能。

主控项目、一般项目的具体要求，详见《内装修验收》。

二、建筑保温和外墙装饰

(一) 建筑保温系统

建筑保温防火验收应依据《建规》。建筑保温和外墙装饰防火验收要点见表2-20。

表2-20　建筑保温和外墙装饰防火验收要点

内容		场所	高度 h/m	燃烧性能	对应规范条目
外墙	内保温	人员密集场所，用火、燃油、燃气等具有火灾危险性的场所，疏散楼梯间、避难走道、避难间、避难层等场所或部位		应采用A级	《建规》6.7.2
		对于其他场所		应采用低烟、低毒且不低于B₁级	
		应采用不燃材料作防护层。采用B₁级保温材料时，防护层的厚度不应小于10 mm			
	外保温（无空腔）	人员密集场所	—	A级	《建规》6.7.5
		住宅建筑	h>100	A级	
			27<h≤100	不低于B₁级	
			h≤27	不低于B₂级	
		除住宅建筑和设置人员密集场所外的其他建筑	h>50	A级	
			24<h≤50	不低于B₁级	
			h≤24	不低于B₂级	
		(1) 应采用不燃材料在其表面设置防护层。除《建规》6.7.3规定的情况外，当按规定采用B₁、B₂级保温材料时，防护层厚度首层不应小于15 mm，其他层不应小于5 mm。(2) 应在保温系统中每层设置水平防火隔离带。防火隔离带应采用A级保温材料，防火隔离带的高度不应小于300 mm			《建规》6.7.7、6.7.8
	外保温（有空腔）	除设置人员密集场所的建筑外：(1) 建筑高度大于24 m时，保温材料的燃烧性能应为A级。(2) 建筑高度不大于24 m时，保温材料的燃烧性能不应低于B₁级			《建规》6.7.6

表 2-20（续）

内容	场所	高度 h/m	燃烧性能	对应规范条目
屋面	（1）屋面板的耐火极限不低于 1.00 h 时，保温材料的燃烧性能不应低于 B_2 级；当屋面板的耐火极限低于 1.00 h 时，保温材料的燃烧性能不应低于 B_1 级。 （2）采用 B_1、B_2 级时应采用不燃材料作防护层，防护层厚度不应小于 10 mm。 （3）当建筑的屋面和外墙外保温系统均采用 B_1、B_2 级时，屋面与外墙之间应采用宽度不小于 500 mm 的不燃材料设置防火隔离带进行分隔			《建规》6.7.10~6.7.12

另外，下列两种情况属于特别注意到：

（1）建筑外墙采用保温材料与两侧墙体构成无空腔复合保温结构体时，该结构体的耐火极限应符合《建规》的有关规定；当保温材料的燃烧达到 B_1、B_2 级时，保温材料两侧的墙体应采用不燃材料且厚度均不应小于 50 mm（《建规》6.7.3）。

（2）除《建规》6.7.3 规定的情况外，当建筑的外墙外保温系统按本节规定采用燃烧性能为 B_1、B_2 级的保温材料时，应符合下列规定：

除采用 B_1 级保温材料且建筑高度不大于 24 m 的公共建筑或采用 B_1 级保温材且建筑高度不大于 27 m 的住宅建筑外，建筑外墙上门、窗的耐火完整性不应低于 0.50 h。

（二）外墙装饰（《建规》6.7.12）

建筑外墙应采用燃烧性能为 A 级的材料，但建筑高度不大于 50 m 时，可采用 B_1 级材料。

三、难点剖析

（一）单层、多层民用建筑基准要求

（1）单层、多层民用建筑内部各部位装修材料的燃烧性能等级不应低于表 2-21（《内装修》表 5.1.1）的规定。

（2）允许放宽条件：

①除《内装修》第 4 章规定的场所和表 2-21（《内装修》表 5.1.1）中序号为 11~13 规定的部位外，单层、多层民用建筑内面积小于 100 m² 的房间，当采用耐火极限不低于 2.00 h 的防火隔墙和甲级防火门、窗与其他部位分隔时，其装修材料的燃烧性能等级可在表 2-21（《内装修》表 5.1.1）的基础上降低一级。

②除《内装修》第4章规定的场所和表2-21（《内装修》表5.1.1）中序号为11~13规定的部位外，当单层、多层民用建筑需作内部装修的空间内装有自动灭火系统时，除顶棚外，其内部装修材料的燃烧性能等级可在表2-21（《内装修》表5.1.1）规定的基础上降低一级；当同时装有火灾自动报警装置和自动灭火系统时，其装修材料的燃烧性能等级可在表2-21（《内装修》表5.1.1）规定的基础上降低一级。

表2-21　单层、多层民用建筑内部各部位装修材料的燃烧性能等级

序号	建筑物及场所	建筑规模、性质	装修材料燃烧性能等级							
			顶棚	墙面	地面	隔断	固定家具	窗帘	帷幕	其他
1	候机楼的候机大厅、贵宾候机室、售票厅、商店、餐饮场所等	—	A	A	B_1	B_1	B_1	B_1	—	B_1
2	汽车站、火车站、轮船客运站的候车（船）室、商店、餐饮场所等	建筑面积>10000 m²	A	A	B_1	B_1	B_1	B_1	—	B_2
		建筑面积≤10000 m²	A	B_1	B_1	B_1	B_1	B_1	—	B_2
3	观众厅、会议室、多功能厅、候车厅等	每个厅建筑面积>400 m²	A	A	B_1	B_1	B_1	B_1	B_1	B_1
		每个厅建筑面积≤400 m²	A	B_1	B_1	B_1	B_2	B_1	B_1	B_2
4	体育馆	>3000 座位	A	A	B_1	B_1	B_1	B_1	B_1	B_2
		≤3000 座位	A	B_1	B_1	B_1	B_2	B_1	B_2	B_2
5	商店的营业厅	每层建筑面积>1500 m²或总建筑面积>3000 m²	A	B_1	B_1	B_1	B_1	B_1	—	B_2
		每层建筑面积≤1500 m²或总建筑面积≤3000 m²	A	B_1	B_1	B_1	B_2	B_1	—	B_2
6	宾馆、饭店的客房及公共活动用房等	设置送回风道（管）的集中空气调节系统	A	B_1	B_1	B_1	B_2	B_2	—	B_2
		其他	B_1	B_1	B_2	B_2	B_2	B_2	—	—
7	养老院、托儿所、幼儿园的居住及活动场所	—	A	A	B_1	B_1	B_2	B_1	—	B_2

表 2-21（续）

序号	建筑物及场所	建筑规模、性质	装修材料燃烧性能等级							
			顶棚	墙面	地面	隔断	固定家具	装饰织物		其他
								窗帘	帷幕	
8	医院的病房区、诊疗区、手术区	—	A	A	B_1	B_1	B_2	B_1	—	B_2
9	教学场所、教学实验场所	—	A	B_1	B_2	B_2	B_2	B_2	B_2	B_2
10	纪念馆、展览馆、博物馆、图书馆、档案馆、资料馆等的公共活动场所		A	B_1	B_1	B_1	B_2	B_1		B_2
11	存放文物、纪念展览物品、重要图书、档案、资料的场所		A	A	B_1	B_1	B_2	B_1	—	B_2
12	歌舞娱乐游艺场所		A	B_1	B_1	B_1	B_1	B_1	B_1	B_1
13	A、B级电子信息系统机房及装有重要机器、仪器的房间		A	A	B_1	B_1	B_1	B_1		B_1
14	餐饮场所	营业面积>100 m²	A	B_1	B_1	B_1	B_2	B_1	—	B_2
		营业面积≤100 m²	B_1	B_1	B_1	B_2	B_2	B_2		B_2
15	办公场所	设置送回风道（管）的集中空气调节系统	A	B_1	B_1	B_1	B_2			B_2
		其他	B_1	B_1	B_2	B_2	B_2	—	—	—
16	其他公共场所	—	B_1	B_1	B_2	B_2	B_2			B_2
17	住宅	—	B_1	B_1	B_1	B_1	B_2	B_2	—	B_2

（二）高层公共建筑基准要求

（1）高层民用建筑内部各部位装修材料的燃烧性能等级不应低于表 2-22（《内装修》表 5.2.1）的规定。

表 2-22　高层民用建筑内部各部位装修材料的燃烧性能等级

序号	建筑物及场所	建筑规模、性质	装修材料燃烧性能等级									
								装饰织物				
			顶棚	墙面	地面	隔断	固定家具	窗帘	帷幕	床罩	家具包布	其他
1	候机楼的候机大厅、贵宾候机室、售票厅、商店、餐饮场所等	—	A	A	B_1	B_1	B_1	B_1	—	—	—	B_1
2	汽车站、火车站、轮船客运站的候车（船）室、商店、餐饮场所等	建筑面积＞10000 m^2	A	A	B_1	B_1	B_1	B_1				B_2
		建筑面积≤10000 m^2	A	B_1	B_1	B_1	B_1	B_1				B_2
3	观众厅、会议室、多功能厅、候车厅等	每个厅建筑面积＞400 m^2	A	A	B_1	B_1	B_1	B_1		B_1		B_1
		每个厅建筑面积≤400 m^2	A	B_1	B_1	B_1	B_2	B_1		B_1		B_1
4	商店的营业厅	每层建筑面积＞1500 m^2 或总建筑面积＞3000 m^2	A	B_1	B_1	B_1	B_1	B_1		B_2		B_1
		每层建筑面积≤1500 m^2 或总建筑面积≤3000 m^2	A	B_1	B_1	B_1	B_1	B_1	B_2	B_2		B_2
5	宾馆、饭店的客房及公共活动用房等	一类建筑	A	B_1	B_1	B_1	B_2	B_1	—	B_1	B_2	B_1
		二类建筑	A	B_1	B_1	B_2	B_2	B_1	—	B_1	B_2	B_2
6	养老院、托儿所、幼儿园的居住及活动场所	—	A	A	B_1	B_1	B_2	B_1		B_2		B_1
7	医院的病房区、诊疗区、手术区	—	A	A	B_1	B_1	B_2	B_1		B_2		B_1
8	教学场所、教学实验场所	—	A	B_1	B_2	B_2	B_2	B_1	B_1	B_1		B_2

表 2-22（续）

序号	建筑物及场所	建筑规模、性质	装修材料燃烧性能等级									
			顶棚	墙面	地面	隔断	固定家具	装饰织物				其他
								窗帘	帷幕	床罩	家具包布	
9	纪念馆、展览馆、博物馆、图书馆、档案馆、资料馆等的公共活动场所	一类建筑	A	B_1	B_1	B_1	B_2	B_1	B_1	—	B_1	B_1
		二类建筑	A	B_1	B_1	B_1	B_1	B_1	B_2		B_2	B_2
10	存放文物、纪念展览物品、重要图书、档案、资料的场所	—	A	A	B_1	B_1	B_2	B_1	B_1		B_1	B_2
11	歌舞娱乐游艺场所	—	A	B_1	B_1	B_1	B_1	B_1	B_1	B_1	B_1	B_1
12	A、B 级电子信息系统机房及装有重要机器、仪器的房间	—	A	A	B_1	B_1	B_1	B_1	B_1		B_1	B_1
13	餐饮场所	—	A	B_1	B_1	B_1	B_2	B_1			B_1	B_2
14	办公场所	一类建筑	A	B_1	B_1	B_1	B_2	B_1	B_1	—	B_1	B_1
		二类建筑	A	B_1	B_1	B_1	B_1	B_1			B_2	B_2
15	电信楼、财贸金融楼、邮政楼、广播电视楼、电力调度楼、防灾指挥调度楼	一类建筑	A	A	B_1	B_1	B_1	B_1	B_1		B_2	B_1
		二类建筑	A	B_1	B_2	B_2	B_1	B_2	B_1		B_2	B_2
16	其他公共场所	—	A	B_1	B_1	B_1	B_2	B_2	B_2	B_1	B_2	B_2
17	住宅	—	A	B_1	B_1	B_1	B_1	B_1	—	B_1	B_2	B_1

（2）允许放宽条件：

① 除《内装修》第 4 章规定的场所和表 2-22（《内装修》表 5.2.1）中序号为 10~12 规定的部位外，高层民用建筑的裙房内面积小于 500 m^2 的房间，当设有自动灭火系统，并且采用耐火极限不低于 2.00 h 的防火隔墙和甲级防火门、窗与其他部位分隔时，顶棚、墙面、地面装修材料的燃烧性能等级可在表 2-22

（《内装修》表 5.2.1）规定的基础上降低一级。

② 除《内装修》第 4 章规定的场所和表 2-22（《内装修》表 5.2.1）中序号为 10~12 规定的部位外，以及大于 400 m² 的观众厅、会议厅和 100 m 以上的高层民用建筑外，当设有火灾自动报警装置和自动灭火系统时，除顶棚外，其内部装修材料的燃烧性能等级可在表 2-22（《内装修》表 5.2.1）规定的基础上降低一级。

③ 电视塔等特殊高层建筑的内部装修，装饰织物应采用不低于 B₁ 级的材料，其他均应采用 A 级装修材料。

（三）地下民用建筑基准要求

（1）地下民用建筑内部各部位装修材料的燃烧性能等级不应低于表 2-23（《内装修》表 5.3.1）的规定。

表 2-23　地下民用建筑内部各部位装修材料的燃烧性能等级

序号	建筑物及场所	装修材料燃烧性能等级						
		顶棚	墙面	地面	隔断	固定家具	装饰织物	其他装饰材料
1	观众厅、会议厅、多功能厅、等候厅等，商店营业厅	A	A	A	B_1	B_1	B_1	B_2
2	宾馆、饭店的客房及公共活动用房等	A	B_1	B_1	B_1	B_1	B_1	B_2
3	医院的诊疗区、手术区	A	A	B_1	B_1	B_1	B_1	B_2
4	教学场所、教学实验场所	A	A	B_1	B_2	B_2	B_1	B_2
5	纪念馆、展览馆、博物馆、图书馆、档案馆、资料馆等	A	A	B_1	B_1	B_1	B_1	B_1
6	存放文物、纪念展览物品、重要图书、档案、资料的场所	A	A	A	A	A	B_1	B_1
7	歌舞娱乐游艺场所	A	A	B_1	B_1	B_1	B_1	B_1
8	A、B 级电子信息系统机房及装有重要机器、仪器的房间	A	A	B_1	B_1	B_1	B_1	B_1
9	餐饮场所	A	A	A	B_1	B_1	B_1	B_2
10	办公场所	A	B_1	B_1	B_1	B_1	B_2	B_2
11	其他公共场所	A	B_1	B_1	B_2	B_2	B_2	B_2
12	汽车库、修车库	A	A	B_1	A	A	—	—

（2）允许放宽条件：

除《内装修》第 4 章规定的场所和表 2-23（《内装修》表 5.3.1）中序号为 6~8 规定的部位外，单独建造的地下民用建筑的地上部分，其门厅、休息室、办公室等内部装修材料的燃烧性能等级可表 2-23（《内装修》表 5.3.1）的基础上降低一级。

第三章　消防设施功能检测与验收

第一节　消　防　水　源

消防水源验收内容如图3-1所示。

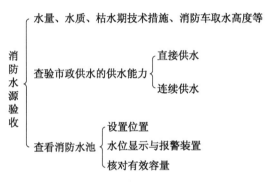

图3-1　消防水源验收内容

一、重点内容

消防水源验收应依据《给水》。

消防水源验收要点见表3-1。

表3-1　消防水源验收要点

子项		要　　点	对应规范
消防水源	查看天然水源	（1）当地表水作为室外消防水源时，应采取确保消防车、固定和移动消防水泵在枯水位取水的技术措施；当消防车取水时，最大吸水高度不应超过6.0 m。 （2）当井水作为消防水源时，还应设置探测水井水位的水位测试装置。	《给水》 4.4.5~4.4.7

表 3-1（续）

子项			要　点	对应规范
消防水源	查看天然水源		（3）天然水源消防车取水口的设置位置和设施，应符合《室外给水设计标准》（GB 50013—2018）中有关地表水取水的规定，且取水头部宜设置格栅，其栅条间距不宜小于 50 mm，也可采用过滤管。 （4）设有消防车取水口的天然水源，应设置消防车到达取水口的消防车道和消防车回车场或回车道	《给水》 4.4.5~4.4.7
	查验市政供水能力		（1）当市政给水管网连续供水时，消防给水系统可采用市政给水管网直接供水。 （2）用作两路消防供水的市政给水管网应符合下列要求： ①市政给水厂应至少两条输水干管向市政给水管网输水。 ②市政给水管网应为环状管网。 ③应至少有两条不同的市政给水干管上不少于两条引入管向消防给水系统供水	《给水》 4.2.1、4.2.2
	查看消防水池	设置位置	（1）消防水池应设置取水口（井），且吸水高度不应大于 6.0 m。 （2）取水口（井）与建筑物（水泵房除外）的距离不宜小于 15 m。 （3）取水口（井）与甲、乙、丙类液体储罐等构筑物的距离不宜小于 40 m。 （4）取水口（井）与液化石油气储罐的距离不宜小于 60 m，当采取防止辐射热保护措施时，可为 40 m	《给水》 4.3.7
		水位显示与报警	消防水池应设置就地水位显示装置，并应在消防控制中心或值班室等地点设置显示消防水池水位的装置，同时应有最高和最低报警水位	《给水》 4.3.9
		核对有效容量	消防水池的给水管应根据其有效容积和补水时间确定，补水时间不宜大于 48 h，当消防水池有效总容积大于 2000 m³ 时，不应大于 96 h。消防水池进水管管径应计算确定，且不应小于 DN100	《给水》 4.3.3
			当消防水池采用两路消防供水且在火灾情况下连续补水能满足消防要求时，消防水池的有效容积应根据计算确定，但不应小于 100 m³，当仅设有消火栓系统时不应小于 50 m³	《给水》 4.3.4

表 3-1（续）

子项			要　　点	对应规范
消防水源	查看消防水池	核对有效容量	消防水池的总蓄水有效容积大于 500 m³ 时，宜设两个能独立使用的消防水池；当大于 1000 m³ 时，应设置能独立使用的两座消防水池。每座消防水池应设置独立的出水管，并应设置满足最低有效水位的连通管，且其管径应能满足消防给水设计流量的要求	《给水》4.3.6

二、难点剖析

（1）消防用水与其他用水共用的水池，应采取确保消防用水量不作他用的技术措施。

消防用水与生产、生活用水合并时，为防止消防用水被生产、生活用水所占用，要求采取可靠的技术设施（如生产、生活用水的出水管设在消防水面之上）来保证消防用水不作他用，如图 3-2 所示。

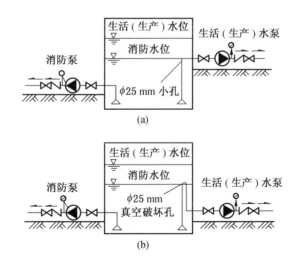

图 3-2　合用水池保证消防水不被动用的技术措施

（2）消防水池的出水、排水和水位应符合下列规定：

① 消防水池的出水管应保证消防水池的有效容积能被全部利用。

② 消防水池应设置就地水位显示装置，并应在消防控制中心或值班室等地点设置显示消防水池水位的装置，同时应有最高和最低报警水位。

③ 消防水池应设置溢流水管和排水设施，并应采用间接排水。

注意：

① 消防水池出水管的设计，能满足有效容积被全部利用。

这是提高消防水池有效利用率、减少死水区、实现节约的要求。

消防水池（箱）的有效水深是设计最高水位至消防水池（箱）最低有效水位之间的距离。消防水池（箱）最低有效水位是消防水泵吸水喇叭口或出水管喇叭口以上 0.6 m 水位，当消防水泵吸水管或消防水箱出水管上设置防止旋流器时，最低有效水位为防止旋流器顶部以上 0.2 m，如图 3-3 所示。

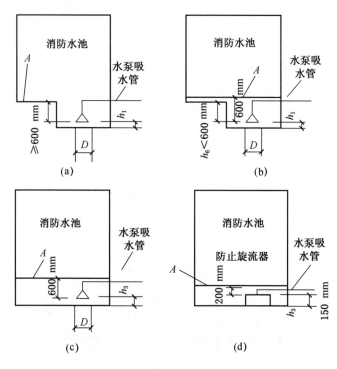

图 3-3　消防水池最低水位

② 消防水池设置各种水位的目的是保证消防水池不因放空或各种因素漏水而造成有效灭火水源不足的技术措施。

③ 消防水池溢流和排水采用间接排水的目的是防止污水倒灌污染消防水池内的水。

第二节　室内外消火栓系统

室内外消火栓系统验收内容如图3-4所示。

```
                    ┌ 查看吸水方式
              消防水泵 ┤ 测试水泵手动和自动启停
                    │ 测试主、备电源切换和主、备泵启动、故障切换
室               │   └ 查看消防水泵启动控制装置
内
外            ┌ 查看气压罐的调节容量，稳压泵的规格、型号数量,管网连接
消      消防给水设备 ┤
火               └ 测试稳压泵的稳压功能
栓
系      消防水箱 ┌ 查看设置位置、水位显示与报警装置
统          └ 核对有效容量
验
收      管网：材质、管径、接头、连接方式等
       水泵接合器：给水流量、安装高度等
                    ┌ 安装高度
              消火栓 ┤ 设置位置
                    └ 设计压力
```

图3-4　室内外消火栓系统验收内容

一、重点内容

消火栓系统验收应依据《给水》。

消火栓系统验收要点见表3-2。

表3-2　消火栓系统验收要点

单项	子项	验收要点	对应规范
室内外消火栓系统	消防水泵	查看工作泵、备用泵、吸水管、出水管及出水管上的泄压阀、水锤消除设施、截止阀、信号阀等的规格、型号、数量，吸水管、出水管上的控制阀状态	《给水》5.1
		查看吸水方式：自灌式引水或其他可靠的引水措施。 消防水泵应采取自灌式吸水；消防水泵从市政管网直接抽水时，应在消防水泵出水管上设置有空气隔断的倒流防止器	《给水》5.1.12

表 3-2（续）

单项	子项	验 收 要 点	对应规范
室内外消火栓系统	消防水泵	测试水泵手动和自动启停。 消防水泵应能手动启停和自动启动	《给水》 11.0.1~11.0.7
		测试主、备电源切换和主、备泵启动、故障切换： (1) 双路电源自动切换时间不应大于 2 s。 (2) 当一路电源与内燃机动力的切换时间不应大于 15 s。 (3) 自动直接启动或手动直接启动消防水泵时，消防水泵应在 55 s 内投入正常运行，且应无不良噪声和振动。 (4) 以备用电源切换方式或备用泵切换启动消防水泵时，消防水泵应分别在 1 min 或 2 min 内投入正常运行	《给水》 11.0.17、13.1.4
		查看消防水泵启动控制装置： 消防控制柜或控制盘应设置专用线路连接的手动直接启泵按钮；消防水泵控制柜应设置机械应急启泵功能，并应保证在控制柜内的控制线路发生故障时由有管理权限的人员在紧急时启动消防水泵。机械应急启动时，应确保消防水泵在报警后 5.0 min 内正常工作	《给水》 11.0.7~11.0.13
	消防给水设备	查看气压罐的调节容量，稳压泵的规格、型号数量，管网连接： (1) 设置稳压泵的临时高压消防给水系统应设置防止稳压泵频繁启停的技术措施，当采用气压水罐时，其调节容积应根据稳压泵启泵次数不大于 15 次/h 计算确定，但有效储水容积不宜小于 150 L。 (2) 稳压泵的设计流量不应小于消防给水系统管网的正常泄漏量和系统自动启动流量	《给水》5.3
		测试稳压泵的稳压功能： (1) 稳压泵的设计压力应满足系统自动启动和管网充满水的要求。 (2) 稳压泵的设计压力应保持系统自动启泵压力设置点处的压力在准工作状态时大于系统设置自动启泵压力值，且增加值宜为 0.07~0.10 MPa。 (3) 稳压泵的设计压力应保持系统最不利点处水灭火设施在准工作状态时的静水压力应大于 0.15 MPa	《给水》5.3.3
	消防水箱	查看设置位置、水位显示与报警装置： 当高位消防水箱在屋顶露天设置时，水箱的人孔以及进出水管的阀门等应采取锁具或阀门箱等保护措施，防冻隔热等安全措施	《给水》 5.2.4、5.2.6
		核对有效容量： 临时高压消防给水系统的高位消防水箱的有效容积应满足初期火灾消防用水量的要求，并应符合相应规定	《给水》5.2.1

表 3-2（续）

单项	子项	验 收 要 点	对应规范
室内外消火栓系统	管网	管网验收应符合下列要求： （1）管道的材质、管径、接头、连接方式及采取的防腐、防冻措施，应符合设计要求，管道标识应符合设计要求。 （2）管网排水坡度及辅助排水设施，应符合设计要求。 （3）系统中的试验消火栓、自动排气阀应符合设计要求。 （4）管网不同部位安装的报警阀组、闸阀、止回阀、电磁阀、信号阀、水流指示器、减压孔板、节流管、减压阀、柔性接头、排水管、排气阀、泄压阀等，均应符合设计要求	《给水》13.2.12
	水泵接合器	查看数量、设置位置、标识： （1）消防水泵接合器的给水流量宜按每个 10~15 L/s 计算。每种水灭火系统的消防水泵接合器设置的数量应按系统设计流量经计算确定。 （2）墙壁消防水泵接合器的安装高度距地面宜为 0.70 m；与墙面上的门、窗、孔、洞的净距离不应小于 2.0 m，且不应安装在玻璃幕墙下方；地下消防水泵接合器的安装，应使进水口与井盖底面的距离不大于 0.4 m，且不应小于井盖的半径。 （3）水泵接合器处应设置永久性标志铭牌，并应标明供水系统、供水范围和额定压力	《给水》5.4
	消火栓	（1）消火栓的设置场所、位置、规格、型号应符合设计要求和《给水》7.2~7.4 的有关规定。 （2）室内消火栓的安装高度应符合设计要求。 （3）消火栓的设置位置应符合设计要求和《给水》第 7 章的有关规定，并应符合消防救援和火灾扑救工艺的要求。 （4）消火栓的减压装置和活动部件应灵活可靠，栓后压力应符合设计要求。 检查数量：抽查消火栓数量 10%，且总数每个供水分区不应少于 10 个，合格率应为 100%	《给水》13.2.13

二、检测重点

（一）消防水泵的调试

消防水泵的调试应符合下列要求：

（1）以自动直接启动或手动直接启动消防水泵时，消防水泵应在 55 s 内投入正常运行，且应无不良噪声和振动。

（2）以备用电源切换方式或备用泵切换启动消防水泵时，消防水泵应分别在 1 min 或 2 min 内投入正常运行。

（3）消防水泵安装后应进行现场性能测试，其性能应与生产厂商提供的数据相符，并应满足消防给水设计流量和压力的要求。

（4）消防水泵零流量时的压力不应超过设计工作压力的 140%；当出流量为设计工作流量的 150% 时，其出口压力不应低于设计工作压力的 65%。

检查数量：全数检查。

检查方法：用秒表检查。

（二）稳压泵的调试

稳压泵应按设计要求进行调试，并应符合下列规定：

（1）当达到设计启动压力时，稳压泵应立即启动；当达到系统停泵压力时，稳压泵应自动停止运行；稳压泵启停应达到设计压力要求。

（2）能满足系统自动启动要求，且当消防主泵启动时，稳压泵应停止运行。

（3）稳压泵在正常工作时每小时的启停次数应符合设计要求，且不应大于 15 次/h。

（4）稳压泵启停时系统压力应平稳，且稳压泵不应频繁启停。

检查数量：全数检查。

检查方法：直观检查。

（三）消火栓的调试和测试

消火栓的调试和测试应符合下列规定：

（1）试验消火栓动作时，应检测消防水泵是否在规定的时间内自动启动。

（2）试验消火栓动作时，应测试其出流量、压力和充实水柱的长度；并应根据消防水泵的性能曲线核实消防水泵供水能力。

（3）应检查旋转型消火栓的性能能否满足其性能要求。

（4）应采用专用检测工具，测试减压稳压型消火栓的阀后动静压是否满足设计要求。

检查数量：全数检查。

检查方法：使用压力表、流量计和直观检查。

（四）联锁试验

联锁试验应符合下列要求，并应按《给水》规范表 C.0.4 的要求进行记录：

（1）干式消火栓系统联锁试验，当打开 1 个消火栓或模拟 1 个消火栓的排气量排气时，干式报警阀（电动阀/电磁阀）应及时启动，压力开关应发出信号或联锁启动消防水泵，水力警铃动作应发出机械报警信号。

（2）消防给水系统的试验管放水时，管网压力应持续降低，消防水泵出水干管上压力开关应能自动启动消防水泵；消防给水系统的试验管放水或高位消防水箱排水管放水时，高位消防水箱出水管上的流量开关应动作，且应能自动启动消防水泵。

（3）自动启动时间应符合设计要求和《给水》11.0.3的有关规定。

检查数量：全数检查。

检查方法：直观检查。

三、难点剖析

（一）消防水泵的设置要求

1. 消防水泵的选择和应用

消防水泵的选择和应用应符合下列规定：

（1）消防水泵的性能应满足消防给水系统所需流量和压力的要求。

（2）消防水泵所配驱动器的功率应满足所选水泵流量扬程性能曲线上任何一点运行所需功率的要求。

（3）当采用电动机驱动的消防水泵时，应选择电动机干式安装的消防水泵。

（4）流量扬程性能曲线应为无驼峰、无拐点的光滑曲线，零流量时的压力不应大于设计工作压力的140%，且宜大于设计工作压力的120%。

（5）当出流量为设计流量的150%时，其出口压力不应低于设计工作压力的65%。

（6）泵轴的密封方式和材料应满足消防水泵在低流量时运转的要求。

（7）消防给水同一泵组的消防水泵型号宜一致，且工作泵不宜超过3台。

（8）多台消防水泵并联时，应校核流量叠加对消防水泵出口压力的影响。

2. 离心式消防水泵吸水管、出水管和阀门等的规定

（1）一组消防水泵，吸水管不应少于两条，当其中一条损坏或检修时，其余吸水管应仍能通过全部消防给水设计流量。

本项是依据可靠性的冗余原则，一组消防水泵吸水管应有100%备用。

（2）消防水泵吸水管布置应避免形成气囊。

吸水管若形成气囊，将导致过流面积减少，减少水的过流量，导致灭火用水量减少。

（3）一组消防水泵应设不少于两条的输水干管与消防给水环状管网连接，当其中一条输水管检修时，其余输水管应仍能供应全部消防给水设计流量。

本项是从可靠性的冗余原则出发，一组消防水泵的出水管应有100%备用。

（4）消防水泵吸水口的淹没深度应满足消防水泵在最低水位运行安全的要

求，吸水管喇叭口在消防水池最低有效水位下的淹没深度应根据吸水管喇叭口的水流速度和水力条件确定，但不应小于 600 mm，当采用旋流防止器时，淹没深度不应小于 200 mm。

火灾时水是最宝贵的，为了能使消防水池内的水能最大限度的有效用于灭火，作出了这些规定。

（5）消防水泵的吸水管上应设置明杆闸阀或带自锁装置的蝶阀，但当设置暗杆阀门时应设有开启刻度和标志；当管径超过 DN300 时，宜设置电动阀门。

（6）消防水泵的出水管上应设止回阀、明杆闸阀；当采用蝶阀时，应带有自锁装置；当管径大于 DN300 时，宜设置电动阀门。

（7）消防水泵吸水管的直径小于 DN250 时，其流速宜为 1.0~1.2 m/s；直径大于 DN250 时，其流速宜为 1.2~1.6 m/s。

（8）消防水泵出水管的直径小于 DN250 时，其流速宜为 1.5~2.0 m/s；直径大于 DN250 时，其流速宜为 2.0~2.5 m/s。

（9）吸水井的布置应满足井内水流顺畅、流速均匀、不产生涡漩的要求，并应便于安装施工。

（10）消防水泵的吸水管、出水管道穿越外墙时，应采用防水套管；当穿越墙体和楼板时，应符合《给水》12.3.19 第 5 款的要求。

（11）消防水泵的吸水管穿越消防水池时，应采用柔性套管；采用刚性防水套管时应在水泵吸水管上设置柔性接头，且管径不应大于 DN150。

（二）室外消火栓的设置要求

室外消防给水引入管当设有倒流防止器，且火灾时因其水头损失导致室外消火栓不能满足《给水》7.2.8 的时候，应在该倒流防止器前设置一个室外消火栓，如图 3-5 所示。

《给水》7.2.8：当市政给水管网设有市政消火栓时，其平时运行工作压力不应小于 0.14 MPa，火灾时水力最不利市政消火栓的出流量不应小于 15 L/s，且供水压力从地面算起不应小于 0.10 MPa。

（三）系统控制与操作要求

（1）消防水泵控制柜在平时应使消防水泵处于自动启泵状态（《给水》11.0.1）。

本项规定了临时高压消防给水系统应在消防水泵房内设置控制柜或专用消防水泵控制室，并规定消防水泵控制柜在准工作状态时消防水泵应处于自动启泵状态。在我国大型社会活动的工程调研和检查中，往往发现消防水泵处于手动启动状态，消防水泵无法自动启动，特别是对于自动喷水系统等自动水灭火系统，这

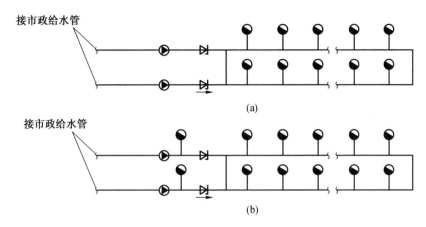

图 3-5　室外消火栓安装位置

会造成火灾扑救的延误和失败，为此《给水》制定时规定临时高压消防给水系统必须能自动启动消防水泵，控制柜在准工作状态时消防水泵应处于自动启泵状态，目的是提高消防给水的可靠性和灭火的成功率，因此，规定消防水泵平时应处于自动启泵状态。

有些自动水灭火系统的开式系统一旦误动作，其经济损失或社会影响很大时，应采用手动控制，但应保证有 24 h 人工值班。如剧院的舞台，演出时灯光和焰火较多，火灾自动报警系统误动作发生的概率高，此时可采用人工值班手动启动。

（2）消防水泵不应设置自动停泵的控制功能，停泵应由具有管理权限的工作人员，根据火灾扑救情况确定。

（3）消防水泵控制柜应设置机械应急启泵功能，并应保证在控制柜内的控制线路发生故障时由有管理权限的人员在紧急时启动消防水泵。机械应急启动时，应确保消防水泵在报警 5.0 min 内正常工作。

压力开关、流量开关等弱电信号和硬拉线是通过继电器来自动启动消防泵的，如果弱电信号因故障或继电器等故障不能自动或手动启动消防泵时，应依靠消防泵房设置的机械应急启动装置启动消防泵。该机械应急启动装置在操作时必须由被授权的人员来进行，且此时从报警到消防水泵的正常运转的时间不应大于 5 min，这个时间可包含了管理人员从控制室至消防泵房的时间，以及水泵从启动到正常工作的时间。

（四）系统工程质量验收判定条件

（1）系统工程质量缺陷应按《给水》附录 F 要求划分，见表 3-3。

（2）系统验收合格判定应为 A＝0，且 B≤2，且 B+C≤6 为合格（必须同时满足才算合格）。

（3）系统验收当不符合第（2）项要求时，应为不合格。

表3-3　消防给水及消火栓系统验收缺陷项目划分

缺陷分类	严重缺陷（A）	重缺陷（B）	轻缺陷（C）
包含条款			《给水》13.2.3
	《给水》13.2.4		
		《给水》13.2.5	
	《给水》13.2.6第2款和第7款	《给水》13.2.6条第1款、第3~6款、第8款	
	《给水》13.2.7第1款	《给水》13.2.7除第2~5款	
	《给水》13.2.8第1款和第6款	《给水》13.2.8除第2~5款	
	《给水》13.2.9第1~3款		《给水》13.2.9第4款和第5款
		《给水》13.2.10第1款	《给水》13.2.10第2款
		《给水》13.2.11第1~4款、第6款	《给水》13.2.11第5款
		《给水》13.2.12	
	《给水》13.2.13第1款	《给水》13.2.13第3款和第4款	《给水》13.2.13第2款
		《给水》13.2.14	
	《给水》13.2.15		
	《给水》13.2.16		
	《给水》13.2.17第2款和第3款	《给水》13.2.17第4款和第5款	《给水》13.2.17第1款

第三节　自动喷水灭火系统

一、重点内容

竣工验收是自动喷水灭火系统工程交付使用前的一项重要环节，也是一项技术性相当强的工作。为确保系统功能以及运行可靠性，建设工程竣工后必须进行自动喷水灭火系统的竣工验收，验收不合格的不得投入使用。

自动喷水灭火系统功能的验收应依据：

（1）《建规》。

（2）《人防》。

（3）《汽车库、修车库、停车场设计防火规范》（GB 50067—2014）。

（4）《自动喷水灭火系统设计规范》（GB 50084—2017）。

（5）《自喷》。

（6）《建设工程消防验收评定规则》（GA 836—2016）。

《自喷》第 8 章对自动喷水灭火系统的验收作出具体规定。自动喷水灭火系统的验收分为资料审查、系统子分部项目抽验检测和系统工程质量综合判定等三个环节，如图 3-6 所示。

图 3-6 自动喷水灭火系统验收内容

（一）系统验收资料审查

系统验收时，施工单位应当提供下列资料：

（1）竣工验收申请报告、设计变更通知书、竣工图。

（2）工程质量事故处理报告。

（3）施工现场质量管理检查记录。

（4）自动喷水灭火系统施工过程质量管理检查记录，具体包括以下内容：

① 供水设施施工记录。

② 管网施工记录。

③ 喷头、报警阀组等系统组件的施工记录。

（5）自动喷水灭火系统质量控制检查材料。

（6）自动喷水灭火系统试压与冲洗记录。

（7）自动喷水灭火系统调试记录。

（二）系统子分部项目抽验检测

根据《自喷》第8章，对自动喷水灭火系统的各组成子分部（图3-6）逐项进行检测。

（三）系统工程质量综合判定

1. 判定依据

自动喷水灭火系统验收同时满足下列的条件的，综合判定为合格，否则判定为不合格：

（1）系统所有子分部抽验检测均不存在 A 类不合格项。

（2）B 类不合格项≤2 处。

（3）B、C 类不合格项之和≤6 处。

2. 缺陷等级划分

自动喷水灭火系统验收缺陷项目划分见表3-4(《自喷》附录F)。

表3-4　自动喷水灭火系统验收缺陷项目划分

缺陷分类	严重缺陷（A）	重缺陷（B）	轻缺陷（C）
包含条款	—	—	《自喷》8.0.3条第1~5款
	《自喷》8.0.4第1款和第2款	—	
	—	《自喷》8.0.5第1~3款	—
	《自喷》8.0.6第4款	《自喷》8.0.6第1~3款、第5款、第6款	《自喷》8.0.6第7款
	—	《自喷》8.0.7第1~4款、第6款	《自喷》8.0.7第5款
	《自喷》8.0.8第1款	《自喷》8.0.8第4款和第5款	《自喷》8.0.8第2款和第3款
	《自喷》8.0.8第1款	《自喷》8.0.9第2款	《自喷》8.0.9第3~5款
	—	《自喷》8.0.10	—
	《自喷》8.0.11	—	—
	《自喷》8.0.12第3款和第4款	《自喷》8.0.12第5~7款	《自喷》8.0.12第1款和第2款

二、子分部项目抽验检测要点

(一) 系统供水水源

1. 验收要点

《自喷》8.0.4对自动喷水灭火系统供水水源的检查验收作出具体规定，主要要求见表3-5。

表3-5 自动喷水灭火系统供水水源验收要点

主要检查内容	技 术 要 求	检查方法	检查数量
检查室外给水管网的进水管管径及其供水能力	应当符合消防技术标准要求和设计文件要求	对照设计文件观察检查	全数
检查高位消防水箱、消防水池的容量	应当符合设计文件要求		
检查消防水池的最低水位显示装置	应当符合设计文件要求		
天然水源的水质、水量	当采用天然水源作为系统供水水源时，其水量、水质应当符合设计要求		
天然水源在枯水期的最低水位	当采用天然水源作为系统供水水源时，应当采取有效的技术措施确保枯水期最低水位满足消防用水要求		
检查高位消防水箱、消防水池的有效容积	应当按照出水管或者吸水管喇叭口（或者放置旋流器淹没深度）的最低标高确定	对照设计文件观察检查、尺量检查	

消防供水水源是向自动喷水灭火系统提供消防用水的给水设施或者天然水源，是自动喷水灭火系统的重要组成部分。

2. 水质水量要求

消防供水水源的要求如下：

(1) 水源应当无污染、无腐蚀、无悬浮物，水的pH应当为6.0~9.0。

(2) 水质不应堵塞喷头、报警阀等设施，且不应影响系统组件的运行。

(3) 水质基本上要达到生活水质的要求。

(4) 水源的水量应当充足、可靠。

3. 供水水源分类及要求

可以用作消防供水水源的类型主要有以下三类：

（1）市政给水管网作为消防水源。

（2）消防水池作为消防水源。

（3）天然水源作为消防水源。

各类消防供水水源的条件要求详见表3-6。

表3-6　各类消防供水水源的条件要求

水源类型	条 件 要 求
市政给水管网	应当能够连续供水
	用作两路消防供水的市政给水管网应当符合下列规定： （1）市政给水厂至少有2条输水干管向市政给水管网输水。 （2）市政给水管网应当呈环状布置。 （3）应至少有2条不同的市政给水干管上不少于2条引入管向消防给水系统供水，当其中一条发生故障时，其余引入管应当仍然能够保证全部消防用水量要求。 若达不到上述两路供水条件时，应当视作一路消防供水
消防水池、水箱	应当由足够的有效容积
	若有可靠补水（譬如两路消防供水），可以减去持续灭火时间内的补水容积
	当与生活用水或者其他用水合用水源时，消防水池应有确保消防用水不被挪作他用的技术措施
	具有相应的防冻措施（严寒、寒冷等结冰地区适用）
	取水设施有相应的保护措施
	采用临时高压给水系统的自动喷水灭火系统，应当设置高位消防水箱，可与消火栓系统的高位水箱合用，其设置应当符合《给水》的要求
	高位消防水箱的设置高度不能满足系统最不利点处喷头的工作压力时，系统应当设置增压稳压设施，并应当符合《给水》的要求
	高位消防水箱的出水管应当设置止回阀，并应当与报警阀入口前管道相连接；出水管管径应当经计算确定，且应≥100 mm
	采用临时高压给水系统的自动喷水灭火系统，当按照《给水》的规定可不设置高位消防水箱时，系统应当设置气压供水设备。 气压供水设备的有效水容积，应当按照系统最不利处4只喷头在最低工作压力下的5 min用水量确定。 干式、预作用系统设置的气压供水设备，应当同时满足配水管道的充水要求

表3-6（续）

水源类型	条 件 要 求
天然水源	利用江河湖海、水库等天然水源作为消防水源时，其设计枯水流量保证率宜为90%～97%
	利用江河湖海、水库等天然水源作为消防水源时，应当视情采取防止冰凌、悬浮物、漂浮物等物质堵塞消防设施的技术措施
	天然水源应当具备在枯水位也能确保消防用水的技术条件
	利用井水作为消防水源，直接向自动喷水灭火系统供水时，水井不应少于两眼，且当每眼水井的深井泵均采用一级供电负荷时，才可视为两路消防供水；若不满足，则视为一路消防供水
其他水源	雨水清水池、中水清水池、水景和游泳池等，一般只宜作为备用消防水源；若必须作为消防供水水源时，应有保证在任何情况下都能够满足消防给水系统所需的水质与水量的技术措施

（二）消防泵房

《自喷》8.0.5对自动喷水灭火系统泵房的检查验收作出具体规定，主要要求见表3-7。

表3-7　自动喷水灭火系统消防泵房验收要点

主要检查内容	技 术 要 求	检查方法	检查数量
泵房的建筑防火	应当符合消防技术标准要求和设计文件要求	对照设计文件观察检查	全数
泵房的应急照明、安全出口的设置			
泵房的备用电源、自动切换装置的设置			

　　自动喷水灭火系统的泵房一般都设置在地下室，应当严格按照有关消防技术标准和设计文件要求设置放水阀、排水设置，避免发生泵房被淹没的危险。

（三）消防水泵

《自喷》8.0.6对自动喷水灭火系统消防水泵的检查验收作出具体规定，主要要求见表3-8。

117

表3-8　自动喷水灭火系统消防水泵验收要点

主要检查内容	技　术　要　求	检查方法	检查数量
工作泵、备用泵、吸水管、出水管及出水管上的阀门、仪表等组件的规格、型号、数量等参数	应当符合设计文件要求	对照设计文件观察检查	
吸水管、出水管上的控制阀	应当锁定在常开位置，并有明显标记	对照设计文件观察检查	
消防水泵的引水措施	应当采用自灌式引水或者其他可靠的引水措施	尺量检查、观察检查	
开启系统中每一个末端试水装置和试水阀，检查水流指示器、压力开关等信号装置的功能	应当符合设计文件要求	对照设计文件观察检查	
对湿式系统进行末端放水试验，检查其启泵时间	自放水开始至水泵启动的时间应≤5 min	秒表测量检查	全数
打开消防水泵出水管上的试水阀，检查消防水泵的启动情况	当采用主电源启动时，消防水泵应当启动正常	观察检查	
	关闭主电源，主、备电源应当能够正常切换		
	切换至备用电源时，消防水泵应当在1~2 min 内投入正常运行		
	手动或者自动启动消防泵时，应当在55 s 内投入正常运行		
检查水锤消除设施后的压力	消防水泵停泵，水锤消除设施后的压力不应超过水泵出口额定压力的1.3~1.5 倍	在阀门出口处压力表测量检查	
检查稳压泵的启动	对消防气压给水设备，当系统气压下降到设计最低压力时，通过压力变化应当能够启动稳压泵	压力表测量检查、观察检查	
主、备泵	水泵启动控制应当置于"自动"状态，水泵应当互为备用	观察检查	

（1）采用临时高压给水系统的自动喷水灭火系统，为确保系统供水的可靠性并防止干扰，此类系统宜设置独立的消防水泵，并应当按照一用一备或者两用一备的要求，以最大一台消防水泵的工作性能设置备用水泵。

（2）独立设置确有困难时，自动喷水灭火系统的消防水泵可以与消火栓系统合用，系统管道应当在报警阀前分开，并采取措施确保消火栓系统用水不会影响自动喷水灭火系统用水。

（3）自动喷水灭火系统的消防水泵、稳压泵，应当采用自灌式吸水方式；当采用天然水源时，消防水泵的吸水口应当设置有防止杂物堵塞的技术措施。

（4）按照二级负荷供电的建筑，宜采用柴油机泵作为备用泵。

（5）每组消防水泵的吸水管不应小于2根。报警阀入口前设置环状管道的系统，每组消防水泵的出水管不应少于2根。

（6）消防水泵的吸水管应当设置控制阀和压力表；出水管应当设施控制阀、止回阀和压力表，出水管上还应当设置流量和压力检测装置或者预留可供连接的流量和压力检测装置的接口。必要时，应当采取控制消防水泵出口压力的措施。

（7）对于设有气压给水设备稳压的系统，需要设定一个压力下限值，即在下限压力下，自动喷水灭火系统最不利点的压力与流量应当能够达到设计要求；当气压给水设备的压力下降到设计最低压力时，应当能够及时启动消防水泵。

（四）报警阀组

《自喷》8.0.7对自动喷水灭火系统报警阀组的检查验收作出具体规定，主要要求见表3-9。

表3-9　自动喷水灭火系统报警阀组验收要点

主要检查内容		技　术　要　求	检查方法	检查数量
查验报警阀组的组件是否符合产品标准		应当符合产品标准要求	观察检查	全数
检查流量压力检测装置		打开系统流量压力检测装置放水阀，测试的流量与压力应当符合设计文件要求	使用流量计、压力表观察检查	
水力警铃	设置位置	应当符合设计文件要求	打开阀门方式，观察检查	
	喷嘴处的压力	水力警铃喷嘴处的压力应≥0.05 MPa	压力表测量检查	

表 3-9（续）

主要检查内容		技 术 要 求	检查方法	检查数量
水力警铃	声强	距离水力警铃 3 m 处的警铃声声强应≥70 dB	声级计、尺量检查	全数
雨淋阀组动作情况		打开手动试水阀或者电磁阀时，雨淋阀组动作应当可靠	观察检查	
控制阀位置		控制阀均应锁定在常开位置	观察检查	
空气压缩机或者火灾自动报警系统的联动控制（干式、预作用系统适用）		应当符合设计文件要求	对照设计文件观察检查	
压力开关动作情况		打开末端试水装置，当流量达到报警阀动作流量时，湿式报警阀的压力开关应当及时动作，带延迟器的报警阀应当在 90 s 内压力开关动作，不带延迟器的报警阀应当在 15 s 内压力开关动作。雨淋报警阀动作后，15 s 内压力开关动作	在阀门出口处压力表测量检查	

（1）报警阀组是自动喷水灭火系统的关键组件，验收时常见的问题是控制阀安装位置不符合设计文件要求，不便于操作。因此，验收时应当对照系统的消防设计文件或者生产企业提供的安装图样，检查报警阀组及其各附件安装位置、结构状态，手动检查供水干管侧和配水干管侧控制阀门、检测装置各个控制阀门的状态。

（2）开启报警阀组检测装置放水阀，采用流量计和系统安装的压力表测试供水干管侧和配水干管侧的流量与压力。

（3）系统控制设施设定到"自动"状态，将报警阀组调节至伺应状态，开启报警阀组试水阀或者电磁阀，目测检查压力表变化情况、延迟器以及水力警铃等附件的启动情况。

（4）水力警铃的设置位置，应当靠近报警阀，确保人容易听见，因此对于警铃的声强等参数作出规定。验收时，使用压力表测试水力警铃喷嘴处的压力，使用卷尺确定水力警铃铃声声强的测试点，并使用声级计测试水力警铃声强。

（5）《自喷》新增加了压力开关动作及其启动的要求，确保压力开关及时动作，启动消防水泵。

消防水泵启动装置应当设定到"自动"启动状态，压力开关、电磁阀、排气阀入口电动阀、消防水泵等应当及时动作，且相应信号应当反馈至消防联动控制设备。

（6）自动喷水灭火系统中设有2个及以上报警阀组时，报警阀组前应当设置环状供水管道（图3-7）。为防止阀门误关闭而导致系统供水中断，环状供水管道上设置的控制阀应当采用信号阀；当不采用信号阀时，应当设置锁定阀位的锁具。

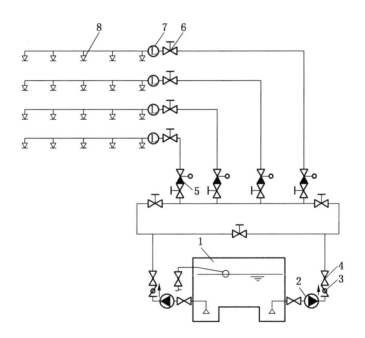

1—消防水池；2—消防水泵；3—止回阀；4—闸阀等信号阀；
5—报警阀组；6—信号阀；7—水流指示器；8—闭式喷头
图3-7 自动喷水灭火系统报警阀组环状供水示意图

（五）管网

《自喷》8.0.8对自动喷水灭火系统管网的检查验收作出具体规定，主要要求见表3-10。

表 3-10　自动喷水灭火系统管网验收要点

主要检查内容		技　术　要　求		检查方法	检查数量
查验管道的材质、管径、接头、连接方式等参数		应当符合消防技术标准规范以及设计文件要求		对照设计文件与出厂合格证明文件观察检查	全数
检查管道的防腐防冻等技术措施		应当符合消防技术标准规范以及设计文件要求			
检查管网排水坡度		管网横向安装宜设置 0.2%～0.5% 的坡度，且应当坡向排水管		水平尺和尺量检查，对照设计文件观察检查	全数
检查管网辅助排水设施		当局部区域难以利用排水管将水排净时，应当采取相应的排水措施			
		喷头数量≤5 只时，可在管道低凹处加设堵头			
		喷头数量>5 只时，宜设置带阀门的排水管			
系统的末端试水装置、试水阀、排气阀等设置		设置位置、组件及其设置情况应当符合消防技术标准规范以及设计文件要求		对照设计文件观察检查	全数
检查管网组件	不同部位的报警阀组、压力开关、止回阀、减压阀、泄压阀、电磁阀	各组件的设置位置、组件及其设置情况应当符合消防技术标准规范以及设计文件要求		对照设计文件观察检查	全数
	不同部位的闸阀、信号阀、水流指示器、减压孔板、节流管、柔性接头、排气阀				抽查设计每类产品数量的 30%，且每类产品均不应少于 5 个
检查配水管道充水时间		干式系统：通过火灾自动报警系统和充气管道上设置的压力开关启动预作用装置的预作用系统	配水管道充水时间宜≤1 min	通水试验，秒表测量检查	全数

表 3-10（续）

主要检查内容	技 术 要 求		检查方法	检查数量
检查配水管道充水时间	雨淋系统：仅由火灾自动报警系统联动开启预作用装置的预作用系统	配水管道充水时间宜≤2 min	通水试验，秒表测量检查	全数
检查配水支管、配水管、配水干管的支、吊架及防晃支架	其固定方式、设置间距、设置要求应当符合消防技术标准以及设计文件要求		测量检查	全数

注：表中按比例抽验的项目，其合格率均要求为 100%，方可判定该项目合格。

（六）喷头

《自喷》8.0.9 对自动喷水灭火系统管网的检查验收作出具体规定，主要要求见表 3-11。

表 3-11 自动喷水灭火系统喷头验收要点

主要检查内容	技 术 要 求	检查方法	检查数量
查验喷头设置场所、规格型号、公称动作温度、响应时间指数（RTI）等参数	应当符合消防技术标准规范以及设计文件要求	对照设计文件，尺量检查	抽查设计喷头数量的 10%，且抽验数量不应少于 40 个
喷头安装间距	喷头之间的距离，喷头与楼板、喷头与墙、喷头与梁等障碍物之间的距离，均应当符合消防技术标准规范以及设计文件要求，经抽样测量的允许距离偏差为 ±15 mm	对照设计文件，尺量检查	抽查设计喷头数量的 5%，且抽验数量不应少于 20 个
检查喷头防冻措施	对于有腐蚀性气体的环境和有冰冻危险场所安装的喷头，应当采取防冻措施	目测观察，检查核验	
检查喷头防撞措施	对于有碰撞危险的场所安装的喷头，应当加设防护罩		
备用喷头	各种规格型号的喷头均应有一定数量的备用喷头，其数量应当大于或等于安装总数的 1%，且每种规格型号的备用喷头数不应少于 10 个	对照设计文件以及购货清单，对现场的备用喷头进行分类点验	全数

（七）水泵接合器

《自喷》8.0.10 对自动喷水灭火系统水泵接合器的检查验收作出具体规定，主要要求见表 3-12。

表 3-12　自动喷水灭火系统水泵接合器验收要点

主要检查内容	技　术　要　求	检查方法	检查数量
查验水泵接合器数量	应当符合消防技术标准规范以及设计文件要求	对照设计文件检查	全数
查验水泵接合器进水管位置		对照设计文件检查	
进行充水试验		对照设计文件观察检查	
测试系统最不利点压力与流量		使用流量计、压力表测量检查	

（1）水泵接合器的作用及组成：

水泵接合器是供消防车向消防给水管网输送消防用水的预留接口，其作用一是用于补充消防水量，二是用于提高消防给水管网的压力。在发生火灾时，若建筑物内消防水泵因故障或者室内消防用水不足时，消防车从室外取水，通过消防水泵接合器将水输送到室内消防给水管网，以确保消防用水。

水泵接合器是由阀门、安全阀、止回阀、栓口放水阀以及连接弯管等组成的，各组分的排列次序应当合理，按照水流给水方向依次应当为止回阀→安全阀→阀门。

各组分的主要作用如下：

① 在室外从水泵接合器栓口给水时，安全阀起到保护系统的作用，用以防止补水压力超过系统的额定压力。

② 止回阀用以防止系统给水从水泵接合器处流出。

③ 为了便于安全阀和止回阀的检修，应当设置阀门。

④ 放水阀用以泄水，防止冷冻。

（2）水泵接合器的设置数量及其进水管设置位置应当符合设计文件要求，确保操作方便。

（3）凡是设置有水泵接合器的系统均应当进行充水试验，以防止止回阀安装方向错误，导致火灾情况下不能正常发挥作用。

（4）通过模拟测试，检验通过水泵接合器供水的具体技术参数，应当确保末端试水装置测试得出的流量与压力值均达到设计文件要求，以确保系统发生火灾时当确需利用消防水泵接合器供水时，能够达到控火灭火的目的。

（八）系统流量与压力检测装置

《自喷》8.0.11 对自动喷水灭火系统流量与压力检测装置的检查验收作出具体规定，主要要求见表 3-13。

表3-13 自动喷水灭火系统流量与压力检测装置验收要点

主要检查内容	技 术 要 求	检查方法	检查数量
检查系统流量与压力	通过系统流量压力检测装置进行放水试验，系统的流量与压力应当符合设计文件要求	观察检查	全数

（九）系统模拟灭火功能实测

《自喷》8.0.12 对自动喷水灭火系统模拟灭火功能的实测作出具体规定，主要要求见表 3-14。

表3-14 自动喷水灭火系统模拟灭火功能实测要点

主要检查内容	技 术 要 求	检查方法	检查数量
水力警铃报警	报警阀动作，水力警铃应当鸣响	观察检查	全数
水流指示器反馈信号	水流指示器动作，应当有反馈信号显示		
压力开关启动功能	压力开关动作，应当启动消防水泵以及与其联动的相关设备，并应当有反馈信号显示		
雨淋阀启动	电磁阀打开，雨淋阀应当启动，并应当有反馈信号显示		
消防水泵启动	消防水泵启动后，应当有反馈信号显示		
加速器动作	加速器动作后，应当有反馈信号显示		
消防联动控制设备启动	其他相关消防联动控制设备启动后，应当有反馈信号显示		

三、难点剖析

(一) 消防水泵的启动控制

消防水泵验收的主要目的是检验自动喷水灭火系统用消防水泵的动力可靠性程度。换言之，目的在于检验通过自动喷水灭火系统动作信号装置（譬如压力开关等）能否启动消防泵，主/备电源切换以及启动是否安全可靠。

对于通过消火栓箱内远程启泵按钮能否直接启动消防水泵的问题，应当以确保安全可靠为首要前提。一般来说，消火栓箱启泵按钮采用的是 24 V 电源。通过消火栓箱启泵按钮直接启动消防水泵时，应当有防水、保护罩等安全措施。

(二) 报警阀组控制阀的安装位置

报警阀组是自动喷水灭火系统的关键组件，报警阀组验收的常见问题是其控制阀安装的位置不符合消防设计文件要求，不便于操作。

具体表现：有些控制阀无试水口和试水排水措施，导致无法对报警阀处压力与流量进行检测，以及无法检测水力警铃动作情况。

(三) 配水管道支、吊架的安装要求

自动喷水灭火系统中配水支管、配水管、配水干管设置的支、吊架和防晃支架，应当符合下列规定：

(1) 管道应当固定牢固。

(2) 管道支架或者吊架之间的间距应当符合表 3-15。

表 3-15 自动喷水灭火系统配水管道支、吊架安装间距要求

管道公称直径/mm	最大安装间距/m	管道公称直径/mm	最大安装间距/m
25	3.5	100	6.5
32	4.0	125	7.0
40	4.5	150	8.0
50	5.0	200	9.5
70	6.0	250	11.0
80	6.0	300	12.0

(3) 管道支架或者吊架或者防晃支架的型式、材质、加工尺寸及焊接质量等，应当符合设计文件要求和国家现行有关标准的规定。

(4) 管道支架或者吊架的安装位置不应妨碍喷头的喷水效果，管道支架或者吊架与喷头之间的间距宜≥300 mm，与末端喷头之间的间距宜≤750 mm。

(5) 配水支管上每一直管段、相邻两个喷头之间的管段设置的吊架均不宜

少于 1 个，吊架的间距宜≤3.6 m。

（6）当管道的公称直径≥50 mm 时，每段配水干管或者配水管设置的防晃支架数量不应少于 1 个，且防晃支架的间距宜≤15 m；当管道改变方向时，应当增设防晃支架。

（7）竖直安装的配水干管除中间用管卡规定外，还应当在其始端和终端设置防晃支架或者采用管卡固定，其安装位置距离地面或者楼面的间距宜为 1.5~1.8 m。

第四节　细水雾灭火系统

细水雾灭火系统的验收应依据：

（1）《细水雾》。

（2）《生活饮用水卫生标准》（GB 5749—2006），该标准简称为《生活水》。

细水雾灭火系统验收内容如图 3-8 所示。

一、重点内容

细水雾灭火系统的验收首先对设备及组件的相关技术文件进行检查，确保其符合设计选型，具有出厂合格证明文件，具有符合法定市场准入规定的证明文件。然后对供水水源、泵组、储气瓶组、储水瓶组、喷头、管网等组件的安装质量进行验收，并对系统功能进行测试验收。通过验收确保系统主要组件达到设计要求，为系统正常运行提供可靠保障。

（一）核查验收资料

系统验收时，应对下面的资料进行核查验收：

（1）验收申请报告、设计施工图、设计变更文件、竣工图。

（2）主要系统组件和材料的符合国家标准的有效证明文件和产品出厂合格证。

（3）系统及其主要组件的安装使用和维护说明书。

（4）施工单位的有效资质文件和施工现场质量管理检查记录。

（5）系统施工过程质量检查记录、施工事故处理报告。

（6）系统试压记录、管网冲洗记录和隐蔽工程验收记录。

（二）查验喷头

喷头的检查验收主要是对喷头的外观、数量、规格、安装位置等进行测量和检查。喷头的查验要点见表 3-16。

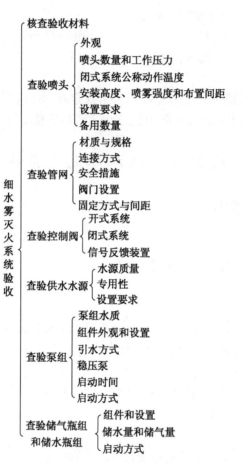

图 3-8 细水雾灭火系统验收内容

表 3-16 喷头的查验要点

查验内容	查 验 要 点	对应规范条目
外观	检查时分别按不同型号规格抽查 1%，且不得少于 5 只；少于 5 只时，全数检查。 （1）喷头的商标、型号、制造厂及生产时间等标志应齐全、清晰。 （2）喷头外观应无加工缺陷和机械损伤，喷头螺纹密封面应无伤痕、毛刺、缺丝或断丝现象	《细水雾》 4.2.6
	喷头与管道的连接宜采用端面密封或 O 型圈密封，不应采用聚四氟乙烯、麻丝、黏结剂等作密封材料。全数检查	《细水雾》 4.3.11

表 3-16（续）

查验内容	查 验 要 点	对应规范条目
喷头数量和工作压力	闭式系统每套泵组所带喷头数量不应超过 100 只。其他系统根据场所面积和喷头布置间距进行喷头数量计算	《细水雾》3.4.3
	喷头的最低设计工作压力不应小于 1.20 MPa	《细水雾》3.4.1
闭式系统公称动作温度	对于闭式系统，应选择响应时间指数（RTI）不大于 $50(\mathrm{m}\cdot\mathrm{s})^{0.5}$ 的喷头，其公称动作温度宜高于环境最高温度 30 ℃，且同一防护区内应采用相同热敏性能的喷头	《细水雾》3.2.1
安装高度、间距	闭式系统喷头安装高度、喷雾强度和布置间距应满足设计要求，见表 3-17	《细水雾》3.4.2
	采用全淹没应用方式的开式系统喷头安装高度、喷雾强度和布置间距应满足设计要求，见表 3-18	《细水雾》3.4.4
设置要求	闭式系统： 喷头与墙壁的距离不应大于喷头最大布置间距的 1/2。 喷头的感温组件与顶棚或梁底的距离不宜小于 75 mm，并不宜大于 150 mm。 当场所内设置吊顶时，喷头可贴临吊顶布置	《细水雾》3.2.2
	开式系统： 喷头与墙壁的距离不应大于喷头最大布置间距的 1/2。 开式系统中，对于电缆隧道或夹层，喷头宜布置在电缆隧道或夹层的上部，并应能使细水雾完全覆盖整个电缆或电缆桥架	《细水雾》3.2.3
	采用局部应用方式的开式系统： 喷头与保护对象的距离不宜小于 0.5 m。 用于保护室内油浸变压器时，当变压器高度超过 4 m 时，喷头宜分层布置；当冷却器距变压器本体超过 0.7 m 时，应在其间隙内增设喷头；喷头不应直接对准高压进线套管；当变压器下方设置集油坑时，喷头布置应能使细水雾完全覆盖集油坑	《细水雾》3.2.4
	对于无绝缘带电设备来说，如果带电设备额定电压（V）为 110 kV < V≤220 kV，喷头与该设备最小距离为 2.2 m；如果带电设备额定电压（V）为 35 kV < V≤110 kV，喷头与该设备最小距离为 1.1 m；如果带电设备额定电压（V）为 V≤35 kV，喷头与该设备最小距离为 0.5 m	《细水雾》3.2.5
备用数量	不同型号规格喷头的备用量不应小于其实际安装总数的 1%，且每种备用喷头数不应少于 5 只	《细水雾》5.0.8

闭式系统喷头安装高度、喷雾强度和布置间距见表3-17。

表3-17　闭式系统喷头安装高度、喷雾强度和布置间距

应用场所	喷头的安装高度/m	系统的最小喷雾强度/（L·min⁻¹·m⁻²）	喷头的布置间距/m	对应规范条目
采用非密集柜储存的图书库、资料库、档案库	>3.0且≤5.0	3.0	>2.0且≤3.0	《细水雾》3.4.2
	≤3.0	2.0		

全淹没应用方式的开式系统喷头工作压力、安装高度、喷雾强度和喷头布置间距见表3-18，详见《细水雾》3.4.4。

表3-18　采用全淹没应用方式的开式系统喷头工作压力、
安装高度、喷雾强度和喷头布置间距

应 用 场 所		喷头的工作压力/MPa	喷头的安装高度/m	系统的最小喷雾强度/（L·min⁻¹·m⁻²）	喷头的最大布置间距/m
油浸变压器室、液压站、润滑油站、柴油发电机室、燃油锅炉房等		>1.2且≤3.5	≤7.5	2.0	2.5
电缆隧道、电缆夹层			≤5.0	2.0	
文物库、以密集柜存储的图书库、资料库、档案库			≤3.0	0.9	
油浸变压器室、涡轮机室等		≥10	≤7.5	1.2	3.0
液压站、柴油发电机室、燃油锅炉房等			≤5.0	1.0	
			>3.0且≤5.0	2.0	
电缆隧道、电缆夹层			≤3.0	1.0	
文物库、以密集柜存储的图书库、资料库、档案库			>3.0且≤5.0	2.0	
			≤3.0	1.0	
电子信息系统机房、通信机房	主机工作空间		≤3.0	0.7	
	地板夹层		≤0.5	0.3	

（三）查验管网

1. 管网的材质与规格

（1）系统管道应采用冷拔法制造的奥氏体不锈钢钢管，或其他耐腐蚀和耐压性能相当的金属管道。管道的材质和性能应符合《流体输送用不锈钢无缝钢管》（GB/T 14976—2012）和《流体输送用不锈钢焊接钢管》（GB/T 12771—2008）的有关规定。系统最大工作压力不小于3.50 MPa时，应采用符合《不锈钢和耐热钢牌号及化学成分》（GB/T 20878—2007）中规定牌号为022Cr17Ni12Mo2的奥氏体不锈钢无缝钢管，或其他耐腐蚀和耐压性能不低于牌号为022Cr17Ni12Mo2的金属管道。

（2）并排管道法兰应方便拆装，间距不宜小于100 mm。

2. 连接方式

管道之间或管道与管接头之间的焊接应采用对口焊接。系统管道焊接时，应使用氩弧焊工艺，并应使用性能相容的焊条。

3. 安全措施

（1）管道穿越墙体、楼板处应使用套管；穿过墙体的套管长度不应小于该墙体的厚度，穿过楼板的套管长度应高出楼地面50 mm。管道与套管间的空隙应采用防火封堵材料填塞密实。

（2）设置在有爆炸危险场所的管道应采取导除静电的措施。对于油浸变压器，系统管道不宜横跨变压器的顶部，且不应影响设备的正常操作。

4. 阀门设置

管网上的控制阀、动作信号反馈装置、止回阀、试水阀、安全阀、排气阀等，其规格和安装位置均应符合设计要求。

（1）系统管网的最低点处应设置泄水阀。

（2）闭式系统的最高点处宜设置手动排气阀。

（3）每个分区控制阀后的管网应设置试水阀。试水阀前应设置压力表；试水阀出口的流量系数应与1只喷头的流量系数等效；试水阀的接口大小应与管网末端的管道一致，测试水的排放不应对人员和设备等造成危害。

5. 固定方式与间距

管道固定支、吊架的固定方式、间距及其与管道间的防电化学腐蚀措施，应符合设计要求。检查数量：按总数抽查20%，且不得少于5处。

系统管道应采用防晃金属支、吊架固定在建筑构件上。支、吊架应能承受管道充满水时的重量及冲击，其间距见表3-19。支、吊架应进行防腐蚀处理，并应采取防止与管道发生电化学腐蚀的措施。

表 3-19 系统管道支、吊架的间距

管道外径/mm	最大间距/m	对应规范条目
≤16	1.5	
20	1.8	
24	2.0	
28	2.2	
32	2.5	《细水雾》3.3.9
40	2.8	
48	2.8	
60	3.2	
≥76	3.8	

（四）查验控制阀

（1）开式系统应按防护区设置分区控制阀。

每个分区控制阀上或阀后邻近位置，宜设置泄放试验阀。

（2）闭式系统应按楼层或防火分区设置分区控制阀。

分区控制阀应为带开关锁定或开关指示的阀组。

（3）分区控制阀宜靠近防护区设置，并应设置在防护区外便于操作、检查和维护的位置。

分区控制阀上宜设置系统动作信号反馈装置。当分区控制阀上无系统动作信号反馈装置时，应在分区控制阀后的配水干管上设置系统动作信号反馈装置。

（五）查验供水水源

市政给水、消防水池（消防水箱）、天然水源和雨水清水池等水源可以用作消防水源。在验收过程中，主要查验内容如下所述。

1. 水源质量

水源无污染、无腐蚀、无悬浮物，水的 pH 应为 6.0~9.0。水质不应堵塞消火栓、报警阀、喷头等消防设施。

2. 专用性

消防水池具有足够的有效容积，寒冷地区的消防水池应采取防冻措施。消防水池的水与生活用水等其他用水合用时，应采取措施确保消防用水量不作他用。

3. 设置要求

（1）利用井水作为消防水源时，水井不应少于两眼，且当每眼井的深井泵均采用一级供电负荷时，才可视为两路消防供水；若不满足，则视为一路消防供水。

（2）供消防车取水的天然水源和消防水池应设置消防车道。消防车道的边缘距离取水点不宜大于 2 m。

（六）查验泵组

泵组的查验要点见表 3-20。

表 3-20 泵组的查验要点

查验内容	查 验 要 点	对应规范条目
泵组水质	泵组的水质不应低于《生活水》4.1.1~4.1.9 的规定	《细水雾》3.5.1
组件外观和设置	各个组件应无变形及其他机械性损伤；外露非机械加工表面保护涂层应完好；所有外露口均应设有保护堵盖，且密封应良好；铭牌标记应清晰、牢固、方向正确	《细水雾》4.2.5
	工作泵、备用泵、吸水管、出水管、出水管上的安全阀、止回阀、信号阀等的规格、型号、数量应符合设计要求；吸水管、出水管上的检修阀应锁定在常开位置，并应有明显标记	《细水雾》5.0.4
	安全阀的动作压力应为系统最大压力的 1.15 倍。水泵控制柜（盘）的防护等级不应低于 IP54。控制柜的图纸塑封后应牢固粘贴于柜门内侧	《细水雾》3.5.4
	水泵应设置备用泵。备用泵的工作性能应与最大一台工作泵相同，主、备用泵应具有自动切换功能，并应能手动操作停泵。主、备用泵的自动切换时间不应小于 30 s。水泵采用柴油机泵时，应保证其能持续运行 60 min	《细水雾》3.5.5
	过滤器的材质应为不锈钢、铜合金，或其他耐腐蚀性能不低于不锈钢、铜合金的材料；过滤器的网孔孔径不应大于喷头最小喷孔孔径的 80%	《细水雾》3.5.10
引水方式	水泵应采用自灌式引水或其他可靠的引水方式	《细水雾》3.5.5
稳压泵	闭式系统的泵组系统应设置稳压泵，稳压泵的流量不应大于系统中水力最不利点一只喷头的流量，其工作压力应满足工作泵的启动要求。当系统管网中的水压下降到设计最低压力时，稳压泵应能自动启动	《细水雾》3.5.6

表 3-20（续）

查验内容	查 验 要 点	对应规范条目
启动时间	泵组在主电源下应能在规定时间内正常启动。一般情况下，从接到启泵信号到水泵正常运转的时间不超过 2 min。打开水泵出水管上的泄放试验阀，利用主电源向泵组供电；关掉主电源检查主、备电源的切换情况，用秒表等直观检查	《细水雾》5.0.4
启动方式	泵组应能自动启动和手动启动。对于开式系统，在接收到两个独立的火灾报警信号后自动启动。检查时采用模拟火灾信号启动泵组。对于闭式系统，在喷头动作后，由动作信号反馈装置直接联锁自动启动。检查时开启末端试水阀启动泵组	《细水雾》3.6.2

（七）查验储气瓶组和储水瓶组

储气瓶组和储水瓶组的查验要点见表 3-21。

表 3-21　储气瓶组和储水瓶组的查验要点

查验内容	查 验 要 点	对应规范条目
组件和设置	（1）组件外观查验与表 3-16 中组件外观和设置要求相同。 （2）储水容器、储气容器均应设置安全阀。 （3）同一系统中的储水容器或储气容器，其规格、充装量和充装压力应分别一致。 （4）储水容器组及其布置应便于检查、测试、重新灌装和维护，其操作面距墙或操作面之间的距离不宜小于 0.8 m	《细水雾》3.5.2
储水量和储气量	瓶组系统的储水量和驱动气体储量，应根据保护对象的重要性、维护恢复时间等设置备用量。对于恢复时间超过 48 h 的瓶组系统，应按主用量的 100% 设置备用量	《细水雾》3.5.3
	储水容器内水的充装量和储气容器内氮气或压缩空气的储存压力应符合设计要求。称重检查按储水容器全数（不足 5 个按 5 个计）的 20% 检查，储存压力检查按储气容器全数检查	《细水雾》5.0.5
启动方式	瓶组系统应具有自动、手动和机械应急操作控制方式，其机械应急操作应能在瓶组间内直接手动启动系统	《细水雾》3.6.1

二、功能检测

对于允许喷雾的防护区或保护对象，至少在一个防护区进行实际细水雾喷放试验；对于不允许喷雾的防护区或保护对象，进行模拟细水雾喷放试验。

（一）实际细水雾喷放试验

（1）模拟火灾信号启动系统，动作信号反馈装置应能正常动作，并应能在动作后启动泵组或开启瓶组及与其联动的相关设备，可正确发出反馈信号。

（2）开式系统的分区控制阀应能正常开启，并可正确发出反馈信号。

（3）相应防护区或对象保护面积内的喷头是否喷出水雾，相应场所入口处的警示灯是否动作。

（二）模拟细水雾喷放试验

（1）在开式系统中，手动开启泄放试验阀，模拟火灾信号启动系统。分区控制阀自动开启。

（2）观察泵组或瓶组及其他消防联动控制设备应能正常启动，并应有反馈信号显示。

（3）在闭式系统中，打开试水阀查看泵组能够及时启动并发出相应的动作信号，动作信号反馈装置能否及时发出系统启动反馈信号。

（4）采用秒表计时，主、备电源应能在规定时间内正常切换。

第五节　水喷雾灭火系统

水喷雾灭火系统的验收应依据《水喷雾》。

水喷雾灭火系统验收内容如图3-9所示。

一、重点内容

水喷雾灭火系统的验收首先对设备及组件的相关技术文件进行检查，确保其符合设计选型，具有出厂合格证明文件，具有符合法定市场准入规定的证明文件。然后对报警阀组、喷头、管网等组件的安装质量进行验收，并对系统功能进行测试验收。通过验收确保系统主要组件达到设计要求，为系统正常运行提供可靠保障。

（一）核查验收资料

系统验收时，应对下面的资料进行核查验收：

（1）经审核批准的设计施工图、设计说明书、设计变更通知书，详细内容

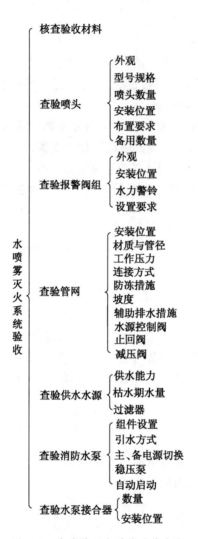

图 3-9 水喷雾灭火系统验收内容

参见《水喷雾》9.0.3。

（2）主要系统组件和材料的符合市场准入制度要求的有效证明文件和产品出厂合格证，材料和系统组件进场检验的复验报告。

（3）系统及其主要组件的安装使用和维护说明书。

（4）施工单位的有效资质文件和施工现场质量管理检查记录。

（5）系统施工过程质量检查记录。

（6）系统试压记录、管网冲洗记录和隐蔽工程验收记录。

（7）系统施工过程调试记录。

（8）系统验收申请报告。

（二）查验喷头

喷头的检查验收主要是对喷头的外观、数量、规格、安装位置等进行测量和检查。喷头的查验要点见表 3-22。

表 3-22 喷头的查验要点

查验内容	查验要点	对应规范条目
外观	（1）应无变形及其他机械性损伤。 （2）外露非机械加工表面保护涂层应完好。 （3）无保护涂层的机械加工面应无锈蚀。 （4）所有外露接口应无损伤，堵、盖等保护物包封应良好。 （5）铭牌标记应清晰、牢固	《水喷雾》 8.2.5
型号规格	（1）扑救电气火灾，应选用离心雾化型水雾喷头。 （2）室内粉尘场所设置的水雾喷头应带防尘帽，室外设置的水雾喷头宜带防尘帽。 （3）离心雾化型水雾喷头应带柱状过滤网	《水喷雾》 4.0.2
	水雾喷头的工作压力，当用于灭火时不应小于 0.35 MPa；当用于防护冷却时不应小于 0.2 MPa，但对于甲$_B$、乙、丙类液体储罐不应小于 0.15 MPa	《水喷雾》 3.1.3
喷头数量	保护对象水雾喷头的数量应根据设计供给强度、保护面积、工作压力、流量系数进行确定。喷头的布置应使水雾直接喷向并覆盖保护对象，不能满足要求时，应增设水雾喷头	《水喷雾》 3.2.1
安装位置	（1）顶部设置的喷头应安装在被保护物的上部，室外安装坐标偏差不应大于 20 mm，室内安装坐标偏差不应大于 10 mm。 （2）标高的允许偏差，室外安装为±20 mm，室内安装为±10 mm。 （3）侧向安装的喷头应安装在被保护物体的侧面并应对准被保护物体，其距离偏差不应大于 20 mm	《水喷雾》 8.3.18
布置要求	喷头常见保护对象和布置要求要符合设计规定，见表 3-23	《水喷雾》 3.2.5~3.2.13
备用数量	不同型号、规格的喷头的备用量不应小于其实际安装总数的 1%，且每种备用喷头数不应少于 5 只	《水喷雾》 9.0.12

水喷雾灭火系统的保护对象和布置要求见表3-23。

表3-23 水喷雾灭火系统的保护对象和布置要求

保护对象	布 置 要 求	对应规范条目
油浸式电力变压器	变压器的绝缘子升高座孔口、油枕、散热器、集油坑均应设喷头进行保护，水雾喷头之间的水平距离和垂直距离应满足水雾锥相交的要求	《水喷雾》 3.2.5~3.2.13
甲、乙、丙类液体和可燃气体储罐	水雾喷头与保护储罐外壁之间的距离不应大于0.7 m	
球罐	水雾喷头的喷口应面向球心；水雾锥沿球罐纬线方向应相交，沿经线方向应相接；当球罐的容积等于或大于1000 m³ 时，水雾锥沿球罐纬线方向应相交，沿经线方向宜相接，但赤道以上环管之间的距离不应大于3.6 m；无防护层的球罐钢支柱和罐体液位计、阀门等处应设水雾喷头进行保护	
电缆	水雾喷头的布置应使水雾完全包围电缆	
输送机皮带	水雾喷头的设置应使水雾完全包络着火输送机的机头、机尾和上行皮带上表面	

（三）查验报警阀组

响应时间不大于120 s的系统，应设置雨淋报警阀组。报警阀组的查验要点见表3-24。

表3-24 报警阀组的查验要点

查验内容	查 验 要 点	对应规范条目
外观	（1）应无变形及其他机械性损伤。 （2）外露非机械加工表面保护涂层应完好。 （3）无保护涂层的机械加工面应无锈蚀。 （4）所有外露接口应无损伤，堵、盖等保护物包封应良好。 （5）铭牌标记应清晰、牢固	《水喷雾》 8.2.5
安装位置	设置在室内的雨淋报警阀宜距地面1.2 m，两侧与墙的距离不应小于0.5 m，正面与墙的距离不应小于1.2 m，雨淋报警阀凸出部位之间的距离不应小于0.5 m	《水喷雾》 5.3.1

表3-24（续）

查验内容	查验要点	对应规范条目
水力警铃	水力警铃的安装位置应正确。测试时，水力警铃喷嘴处压力不应小于0.05MPa，且距水力警铃3m远处警铃的响度不应小于70dB(A)	《水喷雾》9.0.10
	水力警铃应设置在公共通道或值班室附近的外墙上，且应设置检修、测试用的阀门	《水喷雾》5.3.5
	自动和手动方式启动的雨淋报警阀应在15s之内启动。公称直径大于200mm的雨淋报警阀应在60s之内启动；当报警水压为0.05MPa时，水力警铃应发出报警铃声	《水喷雾》8.4.8
设置要求	雨淋报警阀组宜设置在温度不低于4℃并有排水设施的室内	《水喷雾》5.3.1
	打开手动试水阀或电磁阀时，相应雨淋报警阀动作应可靠。雨淋报警阀组的各组件应符合国家现行相关产品标准的要求。打开系统流量压力检测装置放水阀，测试的流量、压力应符合设计要求。控制阀均应锁定在常开位置	《水喷雾》9.0.10
	雨淋报警阀手动开启装置的安装位置应符合设计要求，且在发生火灾时应能安全开启和便于操作。在雨淋报警阀的水源一侧应安装压力表	《水喷雾》8.3.8
	用于保护液化烃储罐的系统，在启动着火罐雨淋报警阀的同时，应能启动需要冷却的相邻储罐的雨淋报警阀	《水喷雾》6.0.4
	用于保护甲$_B$、乙、丙类液体储罐的系统，在启动着火罐雨淋报警阀（或电动控制阀、气动控制阀）的同时，应能启动需要冷却的相邻储罐的雨淋报警阀（或电动控制阀、气动控制阀）	《水喷雾》6.0.5

（四）查验管网

管网的验收除对管网本身的材质、规格和安装位置验收外，还需要对管道上的控制阀、止回阀、减压阀等阀门的规格和安装位置进行验收。管网的查验要点见表3-25。

表3-25 管网的查验要点

查验内容	查 验 要 点	对应规范条目
安装位置	管道支、吊架与水雾喷头之间的距离不应小于0.3 m，与末端水雾喷头之间的距离不宜大于0.5 m。按安装总数的10%抽查，且不得少于5个	《水喷雾》8.3.14
材质与管径	系统管道采用镀锌钢管时，公称直径不应小于25 mm；采用不锈钢管或铜管时，公称直径不应小于20 mm	《水喷雾》4.0.6
工作压力	管道的工作压力不应大于1.6 MPa	《水喷雾》4.0.6
连接方式	系统管道应采用沟槽式管接件（卡箍）、法兰或丝扣连接，普通钢管可采用焊接。沟槽式管接件（卡箍），其外壳的材料应采用牌号不低于QT 450—12的球墨铸铁	《水喷雾》4.0.6
	同排管道法兰的间距应方便拆装，且不宜小于100 mm。 管道穿过墙体、楼板处应使用套管；穿过墙体的套管长度不应小于该墙体的厚度，穿过楼板的套管长度应高出楼地面50 mm，底部应与楼板底面相平；管道与套管间的空隙应采用防火封堵材料填塞密实；管道穿过建筑物的变形缝时，应采取保护措施	《水喷雾》8.3.14
防冻措施	管道环境温度不宜低于5 ℃，当低于5 ℃时，应采取防冻措施	《水喷雾》8.3.15
坡度	水平管道安装时，坡度、坡向应符合设计要求。干管抽查1条，支管抽查2条，分支管抽查5%，且不得少于1条	《水喷雾》8.3.14
辅助排水设施	设置水喷雾灭火系统的场所应设有排水设施。系统排出的水应能通过排水设施全部排走	《水喷雾》5.1.7
水源控制阀	水源控制阀、雨淋报警阀与配水干管的连接应使水流方向一致。 水源控制阀应便于操作，有明显的开闭标志和可靠的锁定设施	《水喷雾》8.3.8
	控制阀规格和安装位置应符合设计要求，安装方向正确，控制阀内应清洁、无堵塞、无渗漏；主要控制阀加设启闭标志；隐蔽处的控制阀应在明显处设有指示其位置的标志	《水喷雾》8.3.9
止回阀	出水管上应设置止回阀	《水喷雾》5.1.6
	雨淋报警阀入口前设置环状管道的系统，一组供水泵的出水管不应少于两条；出水管应设置控制阀、止回阀、压力表	《水喷雾》5.2.4

表 3-25（续）

查验内容	查 验 要 点	对应规范条目
减压阀	减压阀的额定工作压力应满足系统工作压力要求。 入口前应设置过滤器。 当连接两个及两个以上报警阀组时，应设置备用减压阀。 垂直安装的减压阀，水流方向宜向下	《水喷雾》 7.3.6
	减压阀的规格、型号应与设计相符，阀外控制管路及导向阀各连接件不应有松动，减压阀的外观应无机械损伤，阀内应无异物。 减压阀水流方向应与供水管网水流方向一致。应在减压阀进水侧安装过滤器，并宜在其前后安装控制阀。 可调式减压阀宜水平安装，阀盖应向上。 比例式减压阀宜垂直安装；当水平安装时，单呼吸孔减压的孔口应向下，双呼吸孔减压阀的孔口应呈水平。 安装自身不带压力表的减压阀时，应在其前后相邻部位安装压力表	《水喷雾》 8.3.13

（五）查验供水水源

（1）室外给水管网的进水管管径及供水能力、消防水池（罐）和消防水箱容量均应符合设计要求，水源的水量应满足系统最大设计流量和供给时间的要求。

（2）当采用天然水源作为系统水源时，其水量应符合设计要求，并应检查枯水期最低水位时确保消防用水的技术措施。

（3）过滤器的设置应符合设计要求：

① 电磁阀前应设置可冲洗的过滤器。

② 减压阀入口前应设置过滤器。

③ 雨淋报警阀前的管道应设置可冲洗的过滤器，过滤器滤网应采用耐腐蚀金属材料，其网孔基本尺寸应为 0.600~0.710 mm。

（六）查验消防水泵

（1）工作泵、备用泵、吸水管、出水管及出水管上的泄压阀、止回阀、信号阀等的规格、型号、数量应符合设计要求；吸水管、出水管上的控制阀应锁定在常开位置，并有明显标记。

① 一组消防水泵的吸水管不应少于两条，当其中一条损坏时，其余的吸水管应能通过全部用水量；供水泵的吸水管应设置控制阀。

② 系统应设置备用泵，其工作能力不应小于最大一台泵的供水能力。

（2）消防水泵的引水方式应符合设计要求。

（3）消防水泵在主电源下应能在规定时间内正常启动。打开消防水泵出水管上的手动测试阀，利用主电源向泵组供电；关掉主电源，检查主、备电源的切换情况，用秒表等检查。切换应及时，无故障。

（4）当自动系统管网中的水压下降到设计最低压力时，稳压泵应能自动启动。

（5）自动系统的消防水泵启动控制应处于自动启动位置。

（七）查验水泵接合器

在查验消防水泵接合器时，水泵接合器的数量及进水管位置应符合设计要求，水泵接合器应进行充水试验，且系统最不利点的压力、流量应符合设计要求。

（1）水泵接合器的数量应按系统的设计流量和水泵接合器的选型确定，单台水泵接合器的流量宜按 10~15 L/s 计算。

（2）水泵接合器应设置在便于消防车接近的人行道或非机动车行驶地段，与室外消火栓或消防水池的距离宜为 15~40 m。

① 墙壁式消防水泵接合器宜距离地面 0.7 m，与墙面上的门、窗、洞口的净距离不应小于 2.0 m，且不应设置在玻璃幕墙下方。

② 地下式消防水泵接合器应采用铸有"消防水泵接合器"标志的铸铁井盖，并在附近设置指示其位置的永久性固定标志。进水口与井盖底面的距离不应大于 0.4 m，并不应小于井盖的半径，且地下式消防水泵接合器井内应有防水和排水措施。

二、功能检测

（一）模拟灭火功能试验

（1）压力信号反馈装置应能正常动作，并应能在动作后启动消防水泵及与其联动的相关设备，可正确发出反馈信号。

（2）系统的分区控制阀应能正常开启，并可正确发出反馈信号。

（3）利用系统流量、压力检测装置通过泄放试验检查。系统的流量、压力均应符合设计要求。

（4）消防水泵及其他消防联动控制设备应能正常启动，并应有反馈信号显示。

（5）主、备电源应能在规定时间内正常切换，采用秒表计时。

（二）冷喷试验

（1）应当至少有一个水喷雾系统、一个防火分区或一个保护对象，需要进行冷喷试验。

（2）自动启动水喷雾灭火系统，查看响应时间是否符合设计要求，检查水雾覆盖保护对象的情况。

第六节　气体灭火系统

气体灭火系统验收应依据《气验》。

气体灭火系统验收内容如图 3-10 所示。

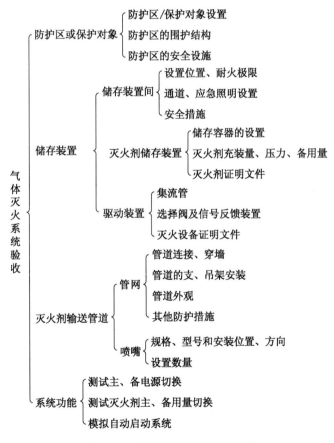

图 3-10　气体灭火系统验收内容

一、重点内容

（一）防护区或保护对象

气体灭火系统防护区或保护对象的验收要点见表3-26。

表3-26　气体灭火系统防护区或保护对象的验收要点

名称	内　　容	对应规范条目
防护区或保护对象	查看保护对象设置位置、划分、用途、环境温度、通风及可燃物种类	《气验》7.2.1、7.2.2
	估算防护区几何尺寸、开口面积	
	查看防护区围护结构耐压、耐火极限和门窗自行关闭情况	
	查看疏散通道、标识和应急照明	
	查看出入口处声光警报装置设置和安全标志	
	查看排气或泄压装置设置	
	查看专用呼吸器具配备	
验收方法：观察检查、功能检查或核对设计要求		

（二）储存装置

气体灭火系统储存装置的验收要点见表3-27。

表3-27　气体灭火系统储存装置的验收要点

名称	内　　容	对应规范条目
储存装置间	查看设置位置	《气验》7.2.3
	查看通道、应急照明设置	
	查看其他安全措施	
灭火剂储存装置	查看储存容器数量、型号、规格、位置、固定方式、标志	《气验》7.3.1、7.3.2
	查验灭火剂充装量、压力、备用量	
	抽查气体灭火剂，并核对其证明文件	
驱动装置	查看集流管的材质、规格、连接方式和布置	《气验》7.3.3~7.3.6
	查看选择阀及信号反馈装置规格、型号、位置和标志	

表 3-27（续）

名称	内　　容	对应规范条目
驱动装置	查看驱动装置规格、型号、数量和标志，驱动气瓶的充装量和压力	《气验》7.3.3~7.3.6
	查看驱动气瓶和选择阀的应急手动操作处标志	
	抽查气体灭火设备，并核对其证明文件	
验收方法：观察检查、测量检查、审查资料		

（三）灭火剂输送管道

气体灭火系统灭火剂输送管道的验收要点见表 3-28。

表 3-28　气体灭火系统灭火剂输送管道的验收要点

名称	内　　容	对应规范条目
管网	查看管道及附件材质、布置规格、型号和连接方式	《气验》7.3.7
	查看管道的支、吊架设置	
	其他防护措施	
喷嘴	查看规格、型号和安装位置、方向	《气验》7.3.8
	核对设置数量	
验收方法：观察检查、测量检查		

（四）系统功能

气体灭火系统的系统功能验收要点见表 3-29。

表 3-29　气体灭火系统的系统功能验收要点

名称	内　　容	对应规范条目
系统功能	测试主、备电源切换	《气验》7.4.1~7.4.4
	测试灭火剂主、备用量切换	
	模拟自动启动系统	
验收方法：功能测试		

二、检测重点

（一）管路测试

管道强度试验和气压严密性试验。

1. 管道强度试验

（1）水压强度试验压力应按下列规定取值：

① 对高压二氧化碳灭火系统，应取 15.0 MPa；对低压二氧化碳灭火系统，应取 4.0 MPa。

② 对 IG541 混合气体灭火系统，应取 13.0 MPa。

③ 对卤代烷 1301 灭火系统和七氟丙烷灭火系统，应取 1.5 倍系统最大工作压力，系统最大工作压力可按《气验》附录 E 中表 E 取值。

（2）进行水压强度试验时，以不大于 0.5 MPa/s 的速率缓慢升压至试验压力，保压 5 min，检查管道各处无渗漏，无变形为合格。

（3）当水压强度试验条件不具备时，可采用气压强度试验代替。气压强度试验压力取值：二氧化碳灭火系统取 80% 水压强度试验压力，IG 541 混合气体灭火系统取 10.5 MPa，卤代烷 1301 灭火系统和七氟丙烷灭火系统取 1.15 倍最大工作压力。

（4）气压强度试验应遵守下列规定：

① 试验前，必须用加压介质进行预试验，试验压力宜为 0.2 MPa。

② 试验时，应逐步缓慢增加压力，当压力升至试验压力的 50% 时，如未发现异状或泄漏，继续按试验压力的 10% 逐级升压，每级稳压 3 min，直至试验压力。保压检查管道各处无变形，无泄漏为合格。

2. 气压严密性试验

（1）气密性试验压力应按下列规定取值：

① 对灭火剂输送管道，应取水压强度试验压力的 2/3。

② 对气动管道，应取驱动气体储存压力。

（2）进行气密性试验时，应以不大于 0.5 MPa/s 的升压速率缓慢升压至试验压力，关断试验气源 3 min 内压力降不超过试验压力的 10% 为合格。

（3）气压强度试验和气密性试验必须采取有效的安全措施。加压介质可采用空气或氮气。气动管道试验时应采取防止误喷射的措施。

（二）系统功能测试

1. 模拟启动试验

检查时按防护区或保护对象总数（不足 5 个按 5 个计）的 20% 检查。

（1）手动模拟启动试验可按下述方法进行：

按下手动启动按钮，观察相关动作信号及联动设备动作是否正常（如发出声光报警，启动输出端的负载响应，关闭通风空调、防火阀等）。人工使压力信号反馈装置动作，观察相关防护区门外的气体喷放指示灯是否正常。

（2）自动模拟启动试验可按下述方法进行：

① 将灭火控制器的启动输出端与灭火系统相应防护区驱动装置连接。驱动装置应与阀门的动作机构脱离。也可以用1个启动电压、电流与驱动装置的启动电压、电流相同的负载代替。

② 人工模拟火警使防护区内任意1个火灾探测器动作，观察单一火警信号输出后，相关报警设备动作是否正常（如警铃、蜂鸣器发出报警声等）。

③ 人工模拟火警使该防护区内另一个火灾探测器动作，观察复合火警信号输出后，相关动作信号及联动设备动作是否正常（如发出声光报警，启动输出端的负载响应，关闭通风空调、防火阀等）。

（3）判定标准：

① 延迟时间与设定时间相符，响应时间满足要求。

② 有关声光报警信号正确。

③ 联动设备动作正确。

④ 驱动装置动作可靠。

2. 模拟喷气试验

组合分配系统应不少于1个防护区或保护对象，柜式气体灭火装置、热气溶胶灭火装置等预制灭火系统应各取1套。

（1）模拟喷气试验的条件应符合下列规定：

① IG541混合气体灭火系统及高压二氧化碳灭火系统应采用其充装的灭火剂进行模拟喷气试验。试验采用的储存容器数应为选定试验的防护区或保护对象设计用量所需容器总数的5%，且不得少于1个。

② 低压二氧化碳应采用二氧化碳灭火剂进行模拟喷气试验。试验应选定输送管道最长的防护区或保护对象进行，喷放量应不小于设计用量的10%。

③ 卤代烷灭火系统模拟喷气试验不应采用卤代烷灭火剂，宜采用氮气进行。氮气或压缩空气储存容器与被试验的防护区或保护对象用的灭火剂储存容器的结构、型号、规格应相同，连接与控制方式应一致，氮气或压缩空气的充装压力按设计要求执行。氮气或压缩空气储存容器数不应少于灭火剂储存容器数的20%，且不得少于1个。

④ 模拟喷气试验宜采用自动启动方式。

（2）判定标准：

① 延迟时间与设定时间相符，响应时间满足要求。

② 有关声光报警信号正确。

③ 有关控制阀门工作正常。

④ 信号反馈装置动作后，气体防护区门外的气体喷放指示灯应工作正常。

⑤ 储存容器间内的设备和对应防护区或保护对象的灭火剂输送管道无明显晃动和机械性损坏。

⑥ 试验气体能喷入被试防护区内或保护对象上，且应能从每个喷嘴喷出。

3. 模拟切换操作试验

按使用说明书的操作方法，将系统使用状态从主用量灭火剂储存容器切换为备用量灭火剂储存容器的操作方法；按上述方法进行模拟喷气试验，观察是否符合喷放试验的要求。

4. 模拟主、备电源切换试验

将系统切换到备用电源，并按上述方法进行模拟启动试验，观察试验结果是否符合要求。

（三）联动控制功能测试

（1）采用气体灭火系统的防护区，设置有火灾自动报警系统，其设计符合《报警设计》的规定。

（2）与气体灭火系统喷放联动的装置，包括对开口封闭装置、通风机械和防火阀等设备，均能及时正确动作。

（3）管网灭火系统具有自动控制、手动控制和机械应急操作三种启动方式。预制灭火系统具有自动控制和手动控制两种启动方式。

（4）在自动启动的方式下模拟试验，当收到两个独立的火灾信号后传输到火灾报警控制器，系统经过延时后能发出正确的动作信号。

（5）在手动启动方式下模拟试验，当按下防护区的紧急启动按钮后，系统能进入延时阶段，在延时过程中火灾报警装置能发出火灾声光报警信号，同时能进行相应的联动动作；系统在延时结束后，驱动装置能正确动作并打开选择阀和灭火剂瓶组，同时信号反馈装置能动作并发出点亮防护区门口的气体释放灯的动作信号。

（6）设置消防控制室的场所，各防护区启动及喷放各阶段的联动控制及系统的反馈信号，应反馈至消防联动控制器。系统的联动反馈信号应包括下列内容：

① 气体灭火系统控制器直接连接的火灾探测器的报警信号。

② 选择阀的动作信号。

③ 压力开关的动作信号。

④ 设有手动和自动控制转换装置的系统，其手动或自动控制方式的工作状态信号。

三、难点剖析

（一）消防工程竣工资料审查

1. 应审查建设单位提供的资料

（1）竣工验收申请报告。

（2）气体灭火系统的调试报告。

（3）气体灭火系统消防产品质量合格证明文件。

（4）气体灭火系统技术检测合格证明文件。

（5）施工、监理、检测单位的合法身份证明和资质等级证明文件。

（6）消防设计专篇、消防设计专家论证会纪要、竣工图。

（7）气体灭火系统的施工过程质量管理检查记录。

（8）气体灭火系统施工方案。

（9）消防建审意见书。

2. 资料审查的重点

重点审查设计、施工对消防建审意见书和消防设计专家论证会纪要的落实情况；对于气体灭火系统组件、部件、设备和材料的规格型号，查验、核对其出厂合格证、质量认证证书和法定检测机构的检测合格报告等质量控制文件是否齐全、有效；气体灭火系统施工质量控制的有效性和真实性；检测单位检测证明文件的内容是否真实有效；气体灭火系统的性能是否符合规范要求。

（二）现场抽样检查及功能测试合格判定标准

1. 防护区或保护对象验收合格判定标准

（1）防护区或保护对象的位置、用途、几何尺寸、开口、通风环境、可燃物种类、防护区围护结构等符合设计要求。

① 估计防护区几何尺寸，确定其保护容积的设置是否符合设计要求。采用管网灭火系统时，一个防护区的面积不宜大于 800 m²，且容积不宜大于 3600 m³；采用预制灭火系统时，一个防护区的面积不宜大于 500 m²，且容积不宜大于 1600 m³；采用热气溶胶预制灭火系统的防护区，其高度不宜大于 6.0 m。单台热气溶胶预制灭火系统装置的保护容积不应大于 160 m³；设置多台装置时，其相互间的距离不得大于 10 m。

② 防护区的围护结构耐火极限：门、窗不应小于 0.50 h，吊顶不应小于 0.25 h；当吊顶层与工作层划为同一防护区时，吊顶的耐火极限不作要求。

③ 防护区的围护结构耐压极限不宜低于 1200 Pa。当采用热气溶胶灭火系统时可以放宽对围护结构承压的要求。

④ 两个或两个以上的防护区采用组合分配系统时，一个组合分配系统所保护的防护区不应超过 8 个。

（2）防护区的安全设施，包括疏散通道、应急照明、标志指示、声光报警、通风排气、安全泄压等符合设计要求。

① 防护区的走道和出口，必须保证人员能在 30 s 内安全疏散。

② 防护区的门应向疏散方向开启，并应能自动关闭，在任何情况下均应能在防护区内打开。

③ 防护区内的疏散通道及出口应设置疏散指示标志和应急照明装置。

④ 防护区内应设火灾声报警器，必要时，可增设闪光报警器。

⑤ 防护区的入口处应设火灾声光报警器和灭火剂喷放指示灯，以及防护区采用的相应气体灭火系统的永久性标志牌；灭火剂喷放指示灯信号，应保持到防护区通风换气后，以手动方式解除；气体喷放指示灯宜安装在防护区入口的正上方。

⑥ 对气体、液体、电气火灾和固体表面火灾，在喷放二氧化碳前不能自动关闭的开口，其面积不应大于防护区总内表面积的 3%，且开口不应设在底面。

⑦ 对固体深位火灾，除泄压口以外的开口，在喷放二氧化碳前应自动关闭。

⑧ 设置灭火系统的防护区的入口处明显位置应配备专用的空气呼吸器或氧气呼吸器。

⑨ 防护区入口处便于操作的部位应安装手动、自动转换开关以及手动启动、停止按钮，安装高度为中心点距地（楼）面 1.5 m。

⑩ 防护区应设置泄压口。泄压口宜设在外墙上，并应设在防护区净高度的 2/3 以上。

2. 储存装置验收合格判定标准

（1）储存装置间的位置、通道、耐火等级、应急照明、火灾报警控制电源等符合设计要求。

① 通用设置：耐火等级不低于二级；门应向外开启，应设应急照明；应有直接通向室外或疏散走道的出口；环境温度应为 -10~50 ℃；室内应保持干燥和良好通风，地下储瓶间应设机械排风装置，排风口应设在下部，可通过排风管排出室外。

② 二氧化碳灭火系统：高压系统环境温度应为 0~49 ℃，低压系统应远离热源，其环境温度宜为 -23~49 ℃；不具备自然通风条件设置机械排风装置的，排风口距储存容器间地面高度不宜大于 0.5 m，正常排风量宜按换气次数不小于

4 次/h确定，事故排风量应按换气次数不小于 8 次/h 确定。

（2）储存容器的数量、型号和规定，位置与固定方式，以及油漆和标志灯符合设计要求。

① 储存容器无明显碰撞变形和机械性损伤缺陷，储存容器表面应涂红色，防腐层完好、均匀，手动操作装置有铅封。

② 储存容器表面应标明编号，容器的正面应标明设计规定的灭火剂名称，字迹明显清晰；储存装置上应设耐久的固定铭牌，并应标明每个容器的编号、容积、皮重、灭火剂名称、充装量、充装日期和充压压力等。

③ 储存装置上压力计、液位计、称重显示装置的安装位置应便于人员观察和操作。

④ 储存容器的支、框架应固定牢靠，并应作防腐处理。

⑤ 储存容器的布置，应便于操作、维修及避免阳光照射。操作面距墙面或两操作面之间的距离，不宜小于 1.0 m，且不应小于储存容器外径的 1.5 倍。

⑥ 在储存容器或容器阀上，应设安全泄压装置和压力表。

⑦ 容器阀上的压力表无明显机械损伤，在同一系统中的安装方向要一致，其正面朝向操作面。同一系统中容器阀上的压力表的安装高度差不宜超过 10 mm，相差较大时，允许使用垫片调整；二氧化碳灭火系统要设检漏装置。

（3）气体灭火剂的类型、灭火剂充装量及储存容器的安装质量符合标准规定。

① 灭火剂储存容器的充装量和储存压力应符合设计文件，且不超过设计充装量的 1.5%；卤代烷灭火剂储存容器内的实际压力不低于相应温度下的储存压力，且不超过该储存压力的 5%；储存容器中充装的二氧化碳质量损失不大于 10%。

② 灭火剂总量、每个防护分区的灭火剂量应符合设计文件。组合分配系统的二氧化碳气体灭火系统保护 5 个及以上的防护区或保护对象时，或在 48 h 内不能恢复时，二氧化碳要有备用量，其他灭火系统的储存装置 72 h 内不能重新充装恢复工作的，按系统原储存量的 100% 设置备用量，各防护区的灭火剂储量要符合设计文件。

（4）集流管的材质、规格、连接方式和布置符合设计要求。

① 集流管外表面宜涂红色油漆。

② 集流管应保持内腔清洁。

③ 集流管上安全阀的泄压方向不应朝向操作面。

④ 应固定在支、框架上。支、框架应固定牢靠，并作防腐处理。

⑤ 连接储存容器与集流管间的单向阀的流向指示箭头应指向介质流动方向。

（5）阀驱动装置的规格、型号、数量和标志符合设计要求。

① 拉索式机械驱动装置：拉索除必要外露部分外，应采用经内外防腐处理的钢管防护；转弯处应采用专用导向滑轮；末端拉手应设在专用的保护盒内；拉索套管和保护盒应固定牢靠。

② 重力式机械驱动装置：应保证重物在下落行程中无阻挡，其下落行程应保证驱动所需距离，且不得小于 25 mm。

③ 电磁驱动装置驱动器的电气连接线应沿固定灭火剂储存容器的支、框架或墙面固定。

④ 气动驱动装置：外观无明显变形，表面防腐层完好，手动按钮上有完整铅封；气动管道平整光滑，弯曲部分规则平整；竖直管道应在其始端和终端设防晃支架或采用管卡固定；水平管道应采用管卡固定。管卡的间距不宜大于0. 6 m。转弯处应增设 1 个管卡。气动驱动装置的管道安装后应作气压严密性试验，并合格。

⑤ 驱动气体的种类和充装压力应符合设计文件要求；驱动气瓶上有标明驱动介质名称、储存压力、充装时间及对应防护区或保护对象的名称或编号的永久性标志，且便于观察；驱动气瓶的瓶头阀上应设有带安全销（加有铅封）的紧急手动启动装置；驱动气瓶的支架、框架或箱体应固定牢靠，并作防腐处理，多个驱动装置集中安装时其高度差不宜超过 10 mm；压力表的正面朝向操作面，多个驱动装置集中安装时其压力表的高度差不宜超过 10 mm。

（6）选择阀及信号反馈装置规格、型号、位置和标志符合设计要求。

① 选择阀的操作手柄应安装在操作面的一侧。当安装高度超过 1. 7 m 时，应采取便于操作的措施。

② 选择阀上应设置标明防护区或保护对象编号的永久性标志牌，并应便于观察。标志牌宜固定在操作手柄附近。

③ 采用螺纹连接的选择阀，其与管网连接处应采用活接。

④ 选择阀的流向指示箭头应指向介质流动方向。

⑤ 选择阀的安装应保证选择阀在容器阀动作之前打开。

⑥ 信号反馈装置的安装应符合设计要求，应有防止粉堵的措施，其电气连接线应固定牢靠。

（7）查看驱动气瓶和选择阀的应急手动操作处标志符合设计要求。

驱动气瓶和选择阀的应急手动操作处，均有标明对应防护区或保护对象名称的永久标志；驱动气瓶的机械应急操作装置均设有安全销和铅封，现场手动启动按钮有防护罩。

3. 管道及附件、喷头验收合格判定标准

（1）管道连接符合设计要求。

① 采用螺纹连接时，管材宜采用机械切割；螺纹不得有缺纹、断纹等现象；螺纹连接的密封材料应均匀附着在管道的螺纹部分，拧紧螺纹时，不得将填料挤入管道内；安装后的螺纹根部应有 2~3 条外露螺纹；连接后，应将连接处外部清理干净并作防腐处理。

② 采用法兰连接时，衬垫不得凸入管内，其外边缘宜接近螺栓，不得放双垫或偏垫。连接法兰的螺栓，直径和长度应符合标准，拧紧后，凸出螺母的长度不应大于螺杆直径的 1/2 且保证有不少于 2 条外露螺纹。

③ 已防腐处理的无缝钢管不宜采用焊接连接，与选择阀等个别连接部位需采用法兰焊接连接时，应对被焊接损坏的防腐层进行二次防腐处理。

（2）管道穿墙符合设计要求。

① 管道穿过墙壁、楼板处应安装套管。

② 套管公称直径比管道公称直径至少应大 2 级，穿墙套管长度应与墙厚相等，穿楼板套管长度应高出地板 50 mm。

③ 管道与套管间的空隙应采用防火封堵材料填塞密实。

④ 当管道穿越建筑物的变形缝时，应设置柔性管段。

（3）管道支、吊架的安装符合设计要求。

① 管道末端应采用防晃支架固定，支架与末端喷嘴间的距离不应大于500 mm。

② 公称直径大于或等于 50 mm 的主干管道，垂直方向和水平方向至少应各安装 1 个防晃支架，当穿过建筑物楼层时，每层应设 1 个防晃支架。

③ 当水平管道改变方向时，应增设防晃支架。

④ 支、吊架之间最大间距见表 3-30。

表 3-30　气体灭火系统管道支、吊架之间最大间距

DN/mm	最大间距/m	DN/mm	最大间距/m
15	1.5	32	2.4
20	1.8	40	2.7
25	2.1	50	3.0

表 3-30（续）

DN/mm	最大间距/m	DN/mm	最大间距/m
65	3.4	100	4.3
80	3.7	150	5.2

（4）管道外观符合设计要求。

① 灭火剂输送管道的外表面宜涂红色油漆。

② 在吊顶内、活动地板下等隐蔽场所内的管道，可涂红色油漆色环，色环宽度不应小于 50 mm。

③ 每个防护区或保护对象的色环宽度应一致，间距应均匀。

（5）其他防护措施符合设计要求。

① 应按照《气验》附录 E.1 中的方法进行管道强度试验和气密性试验，并合格。

② 在通向防护区或保护对象的灭火系统主管道上，应设置压力信号器。

（6）喷头的安装符合设计要求。

① 喷嘴安装时应按设计要求逐个核对其型号、规格及喷孔方向。

② 安装在吊顶下的不带装饰罩的喷嘴，其连接管管端螺纹不应露出吊顶；安装在吊顶下的带装饰罩的喷嘴，其装饰罩应紧贴吊顶。

③ 喷头的安装间距应符合设计文件要求，喷头的布置应满足喷放后气体灭火剂在防护区内均匀分布的要求。当保护对象属于可燃液体时，喷头射流方向不应朝向液体表面。

④ 喷头的最大保护高度应不大于 6.5 m，最小保护高度应不小于 0.3 mm。

（7）单向阀的安装符合设计要求。

① 单向阀的安装方向应与介质流动方向一致。

② 七氟丙烷、三氟丙烷、高压二氧化碳灭火系统在容器阀和集流管之间的管道上应设液流单向阀，其方向与灭火剂输送方向应一致。

③ 气流单向阀在气动管路中的位置、方向必须完全符合设计文件。

4. 预制灭火装置验收合格判定标准

（1）有出厂合格证及法定机构的有效证明文件。

（2）现场选用产品的数量、规格、型号应符合设计文件要求，且一个防护区设置的预制灭火装置，数量不宜超过 10 台。

（3）同一防护区设置多台装置时，其相互间的距离不得大于 10 m。

（4）防护区内设置的预制灭火装置的充压压力不得大于 2.5 MPa。

（5）同一防护区内的预制灭火系统装置多于1台时，必须能同时启动，其动作响应时差不得大于2 s。

5. 系统功能验收（《气验》7.4.1~7.4.4）

（1）系统功能验收时，应进行模拟启动试验，并合格。

检查数量：按防护区或保护对象总数（不足5个按5个计）的20%检查。

检查方法：按《气验》E.2的规定执行。

（2）系统功能验收时，应进行模拟喷气试验，并合格。

检查数量：组合分配系统应不少于1个防护区或保护对象，柜式气体灭火装置、热气溶胶灭火装置等预制灭火系统应各取1套。

检查方法：按《气验》E.3或按产品标准中有关"联动试验"的规定执行。

（3）系统功能验收时，应对设有灭火剂备用量的系统进行模拟切换操作试验，并合格。检查数量：全数检查。

检查方法：按《气验》E.4的规定执行。

（4）系统功能验收时，应对主、备用电源进行切换试验，并合格。

检查方法：将系统切换到备用电源，按《气验》E.2的规定执行。

（三）系统验收结果评定（《气验》3.0.6）

检查、验收合格应符合下列规定：

（1）施工现场质量管理检查结果应全部合格。

（2）施工过程检查结果应全部合格。

（3）隐蔽工程验收结果应全部合格。

（4）资料核查结果应全部合格。

（5）工程质量验收结果应全部合格。

当以上验收项目有1项为不合格时，系统验收判定为不合格。

第七节　干粉与泡沫灭火系统

一、干粉灭火系统验收

干粉灭火系统验收目前没有统一规定，可参照以下标准：

（1）《建设工程消防验收评定规则》（GA 836—2016）。

（2）《干粉设计》。

（3）《干粉灭火系统及部件通用技术条件》（GB 16668—2010），该标准简称为《干粉通用》。

(4)《固定灭火系统驱动、控制装置通用技术标准》(GA 61—2010),该标准简称为《驱动》。

(5)《干粉灭火装置技术规程》(CECS 322:2012),该标准简称为《干粉规程》。

(一) 验收内容

干粉灭火系统验收内容如图 3-11 所示。

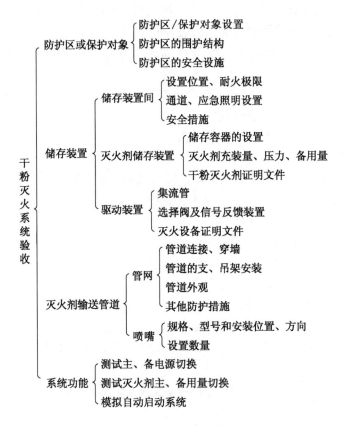

图 3-11　干粉灭火系统验收内容

(二) 验收要点

1. 防护区或保护对象

干粉灭火系统防护区或保护对象的验收要点见表 3-31。

表3-31　干粉灭火系统防护区或保护对象的验收要点

名称	内　　容	对应规范条目
防护区或保护对象	查看保护对象设置位置、划分、用途、环境温度、通风及可燃物种类	《干粉设计》3.1.2、3.1.3、7.0.1~7.0.6
	估算防护区几何尺寸、开口面积	
	查看防护区围护结构耐压、耐火极限和门窗自行关闭情况	
	查看疏散通道、标识和应急照明	
	查看出入口处声光警报装置设置和安全标志	
	查看排气或泄压装置设置	
	查看专用呼吸器具配备	
验收方法：观察检查、功能检查或核对设计要求		

2. 储存装置

干粉灭火系统储存装置的验收要点见表3-32。

表3-32　干粉灭火系统储存装置的验收要点

名称	内　　容	对应规范条目
储存装置间	查看设置位置	《干粉设计》5.1.3~5.1.5
	查看通道、应急照明设置	
	查看其他安全措施	
灭火剂储存装置	查看储存容器数量、型号、规格、位置、固定方式、标志	《干粉设计》5.1.1、《干粉通用》6.3~6.5
	查验灭火剂充装量、压力、备用量	
	抽查干粉灭火剂，并核对其证明文件	
驱动装置	查看集流管的材质、规格、连接方式和布置	《干粉设计》5.1.2、5.2.1~5.2.4，《干粉通用》6.13、6.15，《驱动》5.6.8.9
	查看选择阀及信号反馈装置规格、型号、位置和标志	
	查看驱动装置规格、型号、数量和标志，驱动气瓶的充装量和压力	
	查看驱动气瓶和选择阀的应急手动操作处标志	
	抽查干粉灭火设备，并核对其证明文件	
验收方法：观察检查、测量检查		

157

3. 灭火剂输送管道

干粉灭火系统灭火剂输送管道的验收要点见表 3-33。

表 3-33　干粉灭火系统灭火剂输送管道的验收要点

名称	内　　容	对应规范条目
管网	查看管道及附件材质、布置规格、型号和连接方式	《干粉设计》5.3，《干粉通用》6.10
	查看管道的支、吊架设置	
	其他防护措施	
喷嘴	查看规格、型号和安装位置、方向	《干粉设计》5.2.5、5.2.6，《干粉通用》6.17
	核对设置数量	

验收方法：观察检查、测量检查

4. 系统功能

干粉灭火系统的系统功能验收要点见表 3-34。

表 3-34　干粉灭火系统的系统功能验收要点

名称	内　　容	对应规范条目
系统功能	测试主、备电源切换	《干粉设计》6.0.5，《干粉规程》附录 B
	测试灭火剂主、备用量切换	
	模拟自动启动系统	

验收方法：功能检查

二、泡沫灭火系统的验收

泡沫灭火系统验收应依据《泡沫》。

（一）一般规定

（1）泡沫灭火系统验收应由建设单位组织监理、设计、施工等单位共同进行。

（2）泡沫灭火系统验收时，应提供下列文件资料，并按表 3-35（《泡沫》附录 B 表 B.0.4）填写质量控制资料核查记录。

① 经批准的设计施工图、设计说明书。

② 设计变更通知书、竣工图。

③ 系统组件和泡沫液的市场准入制度要求的有效证明文件和产品出厂合格证，泡沫液现场取样由具有资质的单位出具检验报告，材料的出厂检验报告与合格证，材料和系统组件进场检验的复验报告。

④ 系统组件的安装使用说明书。

⑤ 施工许可证（开工证）和施工现场质量管理检查记录。

⑥ 泡沫灭火系统施工过程检查记录及阀门的强度和严密性试验记录、管道试压和管道冲洗记录、隐蔽工程验收记录。

⑦ 系统验收申请报告。

表3-35　泡沫灭火系统质量控制资料核查记录

工程名称						
建设单位			设计单位			
监理单位			施工单位			
序号	资料名称			资料数量	核查结果	核查人
1	经批准的设计施工图、设计说明书					
2	设计变更通知书、竣工图					
3	系统组件和泡沫液的市场准入制度要求的有效证明文件和产品出厂合格证，泡沫液现场取样由具有资质的单位出具的检验报告，材料的出厂检验报告与合格证，材料和系统组件进场检验的复验报告					
4	系统组件的安装使用说明书					
5	施工许可证（开工证）和施工现场质量管理检查记录					
6	泡沫灭火系统施工过程检查记录及阀门的强度和严密性试验记录、管道试压和管道冲洗记录、隐蔽工程验收记录					
7	系统验收申请报告					
核查结论						
核查单位	建设单位		施工单位		监理单位	
	（公章） 项目负责人： （签章） 　年　月　日		（公章） 项目负责人： （签章） 　年　月　日		（公章） 监理工程师： （签章） 　年　月　日	

（3）泡沫灭火系统验收应按《泡沫》附录 B 表 B.0.5 详细记录。

（4）泡沫灭火系统验收合格后，应用清水冲洗放空，复原系统，并应向建设单位移交《泡沫》3.0.9 列出的文件资料。

① 施工现场质量管理检查记录。

② 泡沫灭火系统施工过程检查记录。

③ 隐蔽工程验收记录。

④ 泡沫灭火系统质量控制资料核查记录。

⑤ 泡沫灭火系统验收记录。

⑥ 相关文件、记录、资料清单等。

（二）验收要点

1. 施工质量验收

泡沫灭火系统应对施工质量进行验收，并应包括下列内容：

（1）泡沫液储罐、泡沫比例混合器（装置）、泡沫产生装置、消防泵、泡沫消火栓、阀门、压力表、管道过滤器、金属软管等系统组件的规格、型号、数量、安装位置及安装质量。

（2）管道及管件的规格、型号、位置、坡向、坡度、连接方式及安装质量。

（3）固定管道的支、吊架，管墩的位置、间距及牢固程度。

（4）管道穿防火堤、楼板、防火墙及变形缝的处理。

（5）管道和系统组件的防腐。

（6）消防泵房、水源及水位指示装置。

（7）动力源、备用动力及电气设备。

检查数量：全数检查。

检查方法：观察和量测及试验检查。

2. 系统功能验收

泡沫灭火系统应对系统功能进行验收，并应符合下列规定：

（1）低、中倍数泡沫灭火系统喷泡沫试验应合格。

检查数量：任选一个防护区或储罐，进行一次试验。

检查方法：按《泡沫》6.2.6 第 2 款的相关规定执行。

（2）高倍数泡沫灭火系统喷泡沫试验应合格。

检查数量：任选一个防护区，进行一次试验。

检查方法：按《泡沫》6.2.6 第 3 款的相关规定执行。

（三）系统判定标准

按照《泡沫》的规定内容进行竣工验收，当其功能验收不合格时，系统验收判定为不合格。不得通过验收。

第八节　防烟和排烟设施

防烟和排烟设施验收内容如图3-12所示。

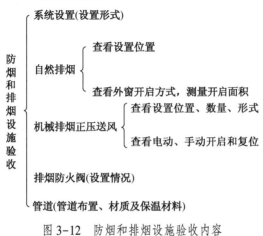

图3-12　防烟和排烟设施验收内容

一、重点内容

防烟和排烟设施验收应依据：

（1）《防排烟》。

（2）《建规》。

防烟和排烟系统及通风、空调系统防火验收要点见表3-36。

表3-36　防烟和排烟系统及通风、空调系统防火验收要点

单项	子项	内容和方法	对应规范条目
防烟和排烟设施	系统设置	查看系统的设置形式。 （1）建筑的下列场所或部位应设置防烟设施： ①防烟楼梯间及其前室。 ②消防电梯间前室或合用前室。 ③避难走道的前室、避难层（间）。 （2）厂房、仓库、民用建筑、地下或半地下建筑（室）、地上建筑内的无窗房间等规定的部位应设置排烟设施	《建规》 8.5

161

表 3-36（续）

单项	子项	内 容 和 方 法	对应规范条目
防烟和排烟设施	自然排烟	查看设置位置。 建筑高度小于或等于 50 m 的公共建筑、工业建筑和建筑高度小于或等于 100 m 的住宅建筑，其防烟楼梯间、独立前室、共用前室、合用前室（除共用前室与消防电梯前室合用外）及消防电梯前室应采用自然通风系统	《防排烟》 3.1
		查看外窗开启方式，测量开启面积。 （1）采用自然通风方式的封闭楼梯间、防烟楼梯间，应在最高部位设置面积不小于 1.0 m² 的可开启外窗或开口；当建筑高度大于 10 m 时，尚应在楼梯间的外墙上每 5 层内设置总面积不小于 2.0 m² 的可开启外窗或开口，且布置间隔不大于 3 层。 （2）前室采用自然通风方式时，独立前室、消防电梯前室可开启外窗或开口的面积不应小于 2.0 m²，共用前室、合用前室不应小于 3.0 m²。 （3）采用自然通风方式的避难层（间）应设有不同朝向的可开启外窗，其有效面积不应小于该避难层（间）地面面积的 2%，且每个朝向的面积不小于 2.0 m²	《防排烟》 3.2.1~3.2.4
	机械正压送风	查看设置位置、数量、形式。 （1）建筑高度大于 50 m 的公共建筑、工业建筑和建筑高度大于 100 m 的住宅建筑，其防烟楼梯间、独立前室、共用前室、合用前室及消防电梯前室应采用机械加压送风系统。 （2）建筑高度小于或等于 50 m 的公共建筑、工业建筑和建筑高度小于或等于 100 m 的住宅建筑，当采用独立前室且其仅有一个门与走道或房间相通时，可仅在楼梯间设置机械加压送风系统；当独立前室有多个门时，楼梯间、独立前室应分别独立设置机械加压送风系统。 （3）当采用合用前室时，楼梯间、合用前室应分别独立设置机械加压送风系统。 （4）当采用剪刀楼梯时，其两个楼梯间及其前室的机械加压送风系统应分别独立设置	《防排烟》 3.1
		查看电动、手动开启和复位。 加压送风机的启动应符合下列规定： （1）现场手动启动。 （2）通过火灾自动报警系统自动启动。 （3）消防控制室手动启动。 （4）系统中任一常闭加压送风口开启时，加压风机应能自动启动。 （5）当防火分区内火灾确认后，应能在 15 s 内联动开启常闭加压送风口和加压送风机。并应符合下列规定： ① 应开启该防火分区楼梯间的全部加压送风机。 ② 应开启该防火分区内着火层及其相邻上下层前室及合用前室的常闭送风口，同时开启加压送风机	《防排烟》 5.1

表 3-36（续）

单项	子项	内 容 和 方 法	对应规范条目
防烟和排烟设施	排烟防火阀	查看设置情况。 排烟管道下列部位应设置排烟防火阀： (1) 垂直风管与每层水平风管交接处的水平管段上。 (2) 一个排烟系统负担多个防烟分区的排烟支管上。 (3) 排烟风机入口处。 (4) 穿越防火分区处	《防排烟》 4.4.10
	管道	查看管道布置、材质及保温材料。 (1) 机械加压送风系统应采用管道送风，且不应采用土建风道。送风道应采用不燃材料制作且内壁应光滑。 (2) 机械排烟系统应采用管道排烟，且不应采用土建风道。排烟管道应采用不燃材料制作且内壁应光滑	《防排烟》 3.3.7、 3.3.8、 4.4.7、 4.4.8

二、检测重点

（一）单机调试

（1）排烟防火阀的调试方法及要求应符合下列规定：

① 进行手动关闭、复位试验，阀门动作应灵敏、可靠，关闭应严密。

② 模拟火灾，相应区域火灾报警后，同一防火分区内排烟管道上的其他阀门应联动关闭。

③ 阀门关闭后的状态信号应能反馈到消防控制室。

④ 阀门关闭后应能联动相应的风机停止。

调试数量：全数调试。

（2）常闭送风口、排烟阀或排烟口的调试方法及要求应符合下列规定：

① 进行手动开启、复位试验，阀门动作应灵敏、可靠，远距离控制机构的脱扣钢丝连接不应松弛、脱落。

② 模拟火灾，相应区域火灾报警后，同一防火分区的常闭送风口和同一防烟分区内的排烟阀或排烟口应联动开启。

③ 阀门开启后的状态信号应能反馈到消防控制室。

④ 阀门开启后应能联动相应的风机启动。

调试数量：全数调试。

（3）送风机、排烟风机调试方法及要求应符合下列规定：

① 手动开启风机，风机应正常运转 2.0 h，叶轮旋转方向应正确、运转平稳、无异常振动与声响。

② 应核对风机的铭牌值，并应测定风机的风量、风压、电流和电压，其结果应与设计相符。

③ 应能在消防控制室手动控制风机的启动、停止，风机的启动、停止状态信号应能反馈到消防控制室。

④ 当风机进、出风管上安装单向风阀或电动风阀时，风阀的开启与关闭应与风机的启动、停止同步。

调试数量：全数调试。

（4）机械排烟系统风速和风量的调试方法及要求应符合下列规定：

① 应根据设计模式，开启排烟风机和相应的排烟阀或排烟口，调试排烟系统使排烟阀或排烟口处的风速值及排烟量值达到设计要求。

② 开启排烟系统的同时，还应开启补风机和相应的补风口，调试补风系统使补风口处的风速值及补风量值达到设计要求。

③ 应测试每个风口风速，核算每个风口的风量及其防烟分区总风量。

调试数量：全数调试。

（二）联动调试

（1）机械加压送风系统的联动调试方法及要求应符合下列规定：

① 当任何一个常闭送风口开启时，相应的送风机均应能联动启动。

② 与火灾自动报警系统联动调试时，当火灾自动报警探测器发出火警信号后，应在 15 s 内启动与设计要求一致的送风口、送风机，且其联动启动方式应符合《报警设计》的规定，其状态信号应反馈到消防控制室。

调试数量：全数调试。

（2）机械排烟系统的联动调试方法及要求应符合下列规定：

① 当任何一个常闭排烟阀或排烟口开启时，排烟风机均应能联动启动。

② 应与火灾自动报警系统联动调试。当火灾自动报警系统发出火警信号后，机械排烟系统应启动有关部位的排烟阀或排烟口、排烟风机；启动的排烟阀或排烟口、排烟风机应与设计和标准要求一致，其状态信号应反馈到消防控制室。

③ 有补风要求的机械排烟场所，当火灾确认后，补风系统应启动。

④ 排烟系统与通风、空调系统合用，当火灾自动报警系统发出火警信号后，由通风、空调系统转换为排烟系统的时间应符合《防排烟》5.2.3 的规定。

调试数量：全数调试。

（3）自动排烟窗的联动调试方法及要求应符合下列规定：

① 自动排烟窗应在火灾自动报警系统发出火警信号后联动开启到符合要求的位置。

② 动作状态信号应反馈到消防控制室。

调试数量：全数调试。

（4）活动挡烟垂壁的联动调试方法及要求应符合下列规定：

① 活动挡烟垂壁应在火灾报警后联动下降到设计高度。

② 动作状态信号应反馈到消防控制室。

调试数量：全数调试。

三、难点剖析

系统工程质量验收判定条件应符合下列规定：

（1）系统的设备、部件型号规格与设计不符，无出厂质量合格证明文件及符合国家市场准入制度规定的文件，系统验收不符《防排烟》8.2.2~8.2.6任一款功能及主要性能参数要求的，定为 A 类不合格。

（2）不符合《防排烟》8.1.4任一款要求的定为 B 类不合格。

（3）不符合《防排烟》8.2.1任一款要求的定为 C 类不合格。

（4）系统验收合格判定：A=0 且 B≤2，B+C≤6 为合格，否则为不合格。

第九节　火灾自动报警系统

一、重点内容

火灾自动报警系统的消防竣工验收，是对系统设计和施工质量的全面检查，主要是针对消防设计内容进行的调试检查以及必要的系统性能测试。对于设有自动消防设施工程验收机构的，要求建设和施工单位必须委托相关机构进行技术检测，取得技术检测报告后，由建设单位负责组织施工、设计、监理等有关单位进行验收。验收不合格的火灾自动报警系统，不得投入使用。

火灾自动报警系统的验收应依据：

（1）《建规》。

（2）《报警设计》。

（3）《报警验收》。

（4）《建设工程消防验收评定规则》（GA 836—2016）。

《报警验收》第5章对火灾自动报警系统的验收作出具体规定。火灾自动报警系统的验收分为系统验收资料审查、系统子分部项目抽样检测和系统功能性综合判定三个环节，具体如图3-13所示。

- 火灾自动报警系统验收
  - 系统验收资料审查
  - 系统子分布项目抽样检测
    - 火灾报警系统装置(包括火灾探测器、手动火灾报警按钮、火灾报警控制器、区域显示器等设备)
    - 消防联动控制系统(包括消防联动控制器、气体灭火控制器、消防电气控制装置、消防设备应急电源、消防应急广播设备、消防电话、传输设备、消防控制中心图形显示装置、模块、消防电动装置、消火栓按钮等设备)
    - 自动灭火系统控制装置(包括自动喷水、气体、干粉、泡沫等固定灭火系统的控制装置)
    - 消火栓系统控制装置
    - 通风空调、防烟和排烟以及电动防火阀等控制装置
    - 电动防火门控制装置与防火卷帘控制器
    - 火灾警报装置
    - 火灾应急照明和疏散指示控制装置
    - 切断非消防电源控制装置
    - 电动阀控制装置
    - 消防联网通信
    - 系统内其他消防控制装置
  - 系统功能性综合判定

图3-13　火灾自动报警系统验收内容

（一）系统验收资料审查

系统验收时，施工单位应当提供下列资料：

（1）竣工验收申请报告、设计变更通知书、竣工图。

（2）工程质量事故处理报告。

（3）施工现场质量管理检查记录。

（4）火灾自动报警系统施工过程质量管理检查记录，具体包括以下内容：

① 施工（包括隐蔽工程验收）记录。

② 检验（包括系统回路绝缘电阻测试、接地电阻测试）记录。

③ 调试记录（应当由施工单位和参与调试的产品生产企业提供，调试报告内容除按照《报警验收》附录C规定填写记录表外，还应当包括调试、检验记录和消防联动逻辑关系表等记录）。

④ 设计变更记录。

(5) 火灾自动报警系统的检验报告、合格证以及相关材料。

（二）系统子分部项目抽样检测

根据《报警验收》5.3，对火灾自动报警系统的各组成子分部（图3-13）逐项进行抽样检测，检验过程中如有发现不合格情形，应当对组件进行修复或者更换，并再行复验。复验时，对有抽验比例要求的，应当加倍检验。

（三）系统功能性综合判定

1. 判定依据

火灾自动报警系统验收同时满足下列条件的，综合判定为合格，否则判定为不合格：

(1) 系统所有子分部抽样检测均不存在 A 类不合格项。

(2) B 类不合格项≤2 处。

(3) B、C 类不合格项之和≤检查项总数的 5%。

其中，A 类不合格项指的是系统内的设备及其配件的规格型号与设计要求不相符、无国家相关市场准入证明文件的；或者系统内的任一控制器和火灾探测器无法发出报警信号，无法实现设计要求的联动功能的。

B 类不合格项指的是验收前提供的资料不符合系统验收资料审查要求的。

C 类不合格项指的是除前述规定的 A、B 类不合格项外的所有不合格情形。

2. 工程类别划分

火灾自动报警系统分部、子分部、分项工程划分详见表 3-37（《报警验收》附录 A）。

表3-37 火灾自动报警系统分部、子分部、分项工程划分表

分部工程	序号	子分部工程	分 项 工 程	
火灾自动报警系统	1	设备、材料进场检验	材料类	电缆电线、管材
			探测器类设备	点型火灾探测器、线型感温火灾探测器、红外光束感烟火灾探测器、空气采样式火灾探测器、点型火焰探测器、图像型火灾探测器、可燃气体探测器等
			控制器类设备	火灾报警控制器、消防联动控制器、区域显示器、气体灭火控制器、可燃气体报警控制器等
			其他设备	手动报警按钮、消防电话、消防应急广播、消防设备应急电源、系统备用电源、消防控制中心图形显示装置等

表 3-37（续）

分部工程	序号	子分部工程	分 项 工 程	
火灾自动报警系统	2	安装与施工	材料类	电缆电线、管材
			探测器类设备	点型火灾探测器、线型感温火灾探测器、红外光束感烟火灾探测器、空气采样式火灾探测器、点型火焰探测器、图像型火灾探测器、可燃气体探测器等
			控制器类设备	火灾报警控制器、消防联动控制器、区域显示器、气体灭火控制器、可燃气体报警控制器等
			其他设备	手动报警按钮、消防电气控制装置、火灾应急广播扬声器和火灾警报装置、模块、消防专用电话、消防设备应急电源、系统接地等
	3	系统调试	探测器类设备	点型火灾探测器、线型感温火灾探测器、红外光束感烟火灾探测器、空气采样式火灾探测器、点型火焰探测器、图像型火灾探测器、可燃气体探测器等
			控制器类设备	火灾报警控制器、消防联动控制器、区域显示器、气体灭火控制器、可燃气体报警控制器等
			其他设备	手动报警按钮、消防电话、消防应急广播、消防设备应急电源、系统备用电源、消防控制中心图形显示装置等
			整体系统	系统性能
	4	系统验收	探测器类设备	点型火灾探测器、线型感温火灾探测器、红外光束感烟火灾探测器、空气采样式火灾探测器、点型火焰探测器、图像型火灾探测器、可燃气体探测器等
			控制器类设备	火灾报警控制器、消防联动控制器、区域显示器、气体灭火控制器、可燃气体报警控制器等
			其他设备	手动报警按钮、消防电话、消防应急广播、消防设备应急电源、系统备用电源、消防控制中心图形显示装置等
			整体系统	系统性能

二、子分部项目抽验检测要点

火灾自动报警系统子分部项目抽验检测要点见表 3-38。

表3-38 火灾自动报警系统子分部项目抽验检测要点

系统组成（子项）		抽验检测要点				
		子项的施工安装情况	选型、数量等参数与设计文件的符合情况	子项功能	抽验次数与比例	子项验收依据
布线		3.2	设计文件	应符合《建筑电气工程施工质量验收规范》（GB 50303—2015）	全数	5.3.1
控制器类设备	火灾报警控制器	3.3	设计文件	4.3	5.1.5.2	5.3.3
	消防联动控制器	3.3		4.10	全数	5.3.10
	消防电气控制装置	3.3、3.6		其控制、显示功能应满足《消防联动控制系统》（GB 16806—2006）	全数	5.3.11
	区域显示器（火灾显示盘）	3.3		4.11	全数	5.3.12
	可燃气体报警控制器	3.3		4.12	全数	5.3.13
触发器件	点型火灾探测器	3.4		4.4	5.1.5.3	5.3.4
	线型感温火灾探测器	3.4		4.5	5.1.5.3	5.3.5
	红外光束感烟火灾探测器	3.4		4.6	5.1.5.3	5.3.6
	通过管路采样的吸气式火灾探测器	3.4		4.7	5.1.5.3	5.3.7
	点型火焰探测器	3.4		4.8	5.1.5.3	5.3.8
	图像型火灾探测器	3.4		4.8	5.1.5.3	5.3.8
	手动火灾报警按钮	3.5		4.9	5.1.5.3	5.3.9
	可燃气体探测器	3.4		4.13	5.1.5.3	5.3.14
消防专用电话		3.9	设计文件	4.14	5.1.5.11	5.3.15
消防应急广播		3.3、3.8	设计文件	4.15	5.1.5.10	5.3.16

169

表 3-38（续）

系统组成（子项）		抽验检测要点				
		子项的施工安装情况	选型、数量等参数与设计文件的符合情况	子项功能	抽验次数与比例	子项验收依据
系统备用电源		—	其容量与工作时间应满足有关技术标准和设计文件要求	4.16	5.3.17	
消防设施应急电源		3.10	—	4.17	5.1.5.1	5.3.18
消防控制中心图形显示装置		—	设计文件	4.18	5.3.19	
自动灭火系统	气体灭火控制器	3.3	设计文件	4.19	5.1.5.6	5.3.20
	干粉灭火系统控制器	3.3		4.21	5.1.5.6	5.3.25
	自动喷水灭火系统	—		其控制功能应符合《报警设计》	5.1.5.5	5.3.24
	泡沫灭火系统	—		4.21	5.1.5.6	5.3.25
	消火栓系统	—		其控制功能应符合《报警设计》	5.1.5.4	5.3.23
防火分隔设施	防火卷帘控制器	3.3	设计文件	4.20	5.3.21	
	防火卷帘	—		应符合《报警设计》	5.1.5.7	5.3.26
	挡烟垂壁	—			5.3.26	
	电动防火门	—			5.1.5.7	5.3.26
	防烟和排烟风机	—			5.1.5.8	5.3.27
	防火阀	—			5.1.5.8	5.3.27
	防烟和排烟系统阀门	—			5.1.5.8	5.3.27
消防电梯		—	设计文件	应符合《报警设计》	5.1.5.9	5.3.28

注：表中所有标准条款，除特别载明出处的，均引自《报警验收》。

（一）控制器类设备

1. 控制器类设备的施工安装要求

《报警验收》3.3 对控制器类设备的施工安装作出具体规定，主要要求如下：

（1）控制器类设备上墙安装时，其底边距离地（楼）面高度宜为 1.3~1.5 m，其靠近门轴的侧面距墙应大于或等于 0.5 m，其正面操作距离应大于或等于 1.2 m。

控制器类设备落地安装时，其底边宜高出地（楼）面 0.1~0.2 m。

（2）控制器的主电源应当有明显的永久性标志，并应直接与消防电源连接，严禁使用电源插头。控制器与其外接备用电源之间应直接连接。

（3）控制器的接地应牢固，并有明显的永久性标志。

2. 控制器类设备的调试功能要求

1）火灾报警控制器调试

《报警验收》4.3 对火灾报警控制器调试作出具体规定，调试内容及操作流程如图 3-14 所示。

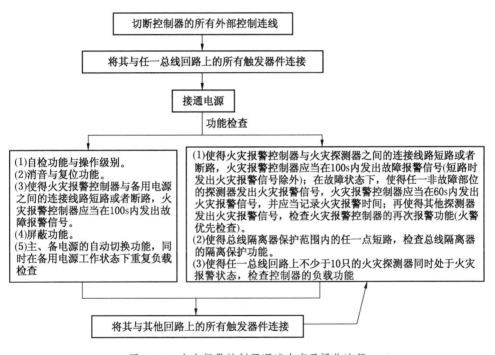

图 3-14　火灾报警控制器调试内容及操作流程

2）区域显示器（火灾显示盘）调试

依据《火灾显示盘》（GB 17429—2011）和《报警验收》4.11，对区域显示器（火灾显示盘）的火灾报警显示、故障显示、监管报警显示、自检、信息显示与查询以及电源等基本功能进行调试。

3) 消防联动控制器调试

《报警验收》4.10 对消防联动控制器调试作出具体规定，调试内容及操作流程如图 3-15 所示。

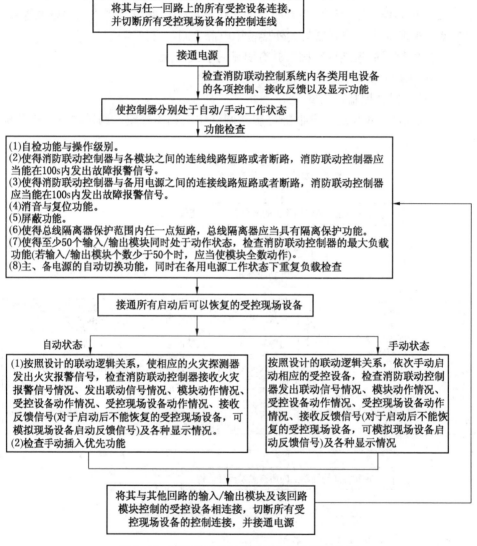

图 3-15 消防联动控制器调试内容及操作流程

3. 控制器类设备的验收数量要求

（1）火灾报警控制器（含可燃气体报警控制器）和消防联动控制器应当按

照实际安装数量全数进行功能检验。

（2）消防联动控制系统中其他各种用电设备、区域显示器的功能检验要求详见表3-39。

表3-39 消防联动控制系统用电设备功能抽验比例

实际安装数量/台	抽验数量
≤5	全数
6~10	5台
>10	实际安装数量的30%~50%，且抽验总数≥5台

（二）触发器件

1. 触发器件的施工安装要求

《报警验收》3.4、3.5分别对火灾探测器和手动火灾报警按钮等触发器件的施工安装作出具体规定，主要要求详见表3-40。

表3-40 火灾报警触发器件的施工安装要求

触发器件名称	施工安装要求	检查数量	检验方法
点型感烟/温火灾探测器	（1）探测器至墙、梁边的水平距离应≥0.5 m。 （2）探测器周围水平距离0.5 m内不应有遮挡物。 （3）探测器至空调送风口最近边的水平距离应≥1.5 m。 （4）探测器至多孔送风顶棚孔口的水平距离应≥0.5 m。 （5）安装在宽度小于3 m的内走道顶棚时，探测器宜居中布置；点型感温、烟火灾探测器的安装间距分别应≤10 m、≤15 m；探测器距离端墙的距离，不应大于安装间距的1/2。 （6）探测器宜水平安装，当确需倾斜安装时，倾斜角应≤45°	全数	尺量、观察检查
线型红外光束感烟火灾探测器	（1）探测区域高度≤20 m的探测器，其光束轴线至顶棚的垂直距离宜≥0.5 m；探测区域高度>20 m的探测器，其光束轴线距离探测区域地（楼）面高度宜≤20 m。 （2）发射器与接收器应牢固安装，之间的光路上应无遮挡物或者干扰源，之间的探测区域长度宜≤100 m。 （3）相邻两组探测器光束轴线的水平距离应≤14 m。 （4）探测器光束轴线至侧墙的水平距离应≤7 m，且≥0.5 m	全数	尺量、观察检查

表 3-40（续）

触发器件名称	施工安装要求	检查数量	检验方法
缆式线型感温火灾探测器	（1）安装于电缆桥架或者变压器等设备上时，宜采用接触式布置。 （2）安装于皮带输送装置上时，宜敷设在装置过热点的附近	全数	观察检查
线型差温火灾探测器	（1）敷设于顶棚下方的探测器距顶棚宜为 0.1 m。 （2）相邻探测器之间的水平间距宜≤5 m。 （3）探测器距墙壁的距离宜为 1~1.5 m	全数	观察检查
可燃气体探测器	（1）安装位置应当根据被探测气体的密度确定。 （2）探测器周围应当适当留出更换、标定空间。 （3）有防爆要求的场所，应当按照防爆要求施工安装。 （4）线型可燃气体探测器的安装，应当确保发射器与接收器的窗口避免日光直射，且在发射器与接收器之间无遮挡物，同时两组探测器间距应≤14 m	全数	尺量、观察检查
通过管路采样的吸气式感烟火灾探测器	（1）采样管应牢固安装。 （2）采样管、支管以及采样孔应符合产品说明书的要求。 （3）非高灵敏度的吸气式感烟火灾探测器不宜安装在天棚高度大于 16 m 的场所。 （4）高灵敏度的吸气式感烟火灾探测器，当其设置为高灵敏度时可安装在天棚高度大于 16 m 的场所，且保证至少 2 个采样孔低于 16 m。 （5）安装在大空间时，每个采样孔的保护面积应符合点型感烟火灾探测器保护面积的要求	全数	尺量、观察检查
点型火焰探测器 图像型火灾探测器	（1）安装位置应确保其视场角覆盖探测区域。 （2）与保护目标之间不应有遮挡物。 （3）安装于室外时，应当有防尘、防雨措施	全数	尺量、观察检查
手动火灾报警按钮	（1）应当牢固安装在明显和便于操作的部位，不应倾斜。 （2）当安装于墙上时，其底边距地（楼）面高度宜为 1.3~1.5 m。 （3）其连接导线留有的余量应≥150 mm，且在其端部应当有明显标志	全数	尺量、观察检查

2. 触发器件的调试检验要求

《报警验收》4.4~4.9对常见的火灾报警触发器件的调试检验作出具体规定，主要要求详见表3-41。

表3-41　火灾报警触发器件调试检验要求

触发器件名称	调试检验要求	检查数量	检验方法
点型感烟/温火灾探测器	（1）对于可复位的探测器，可以采用专门的检测仪器或者模拟火灾的方法，逐一检查每只火灾探测器的报警功能，探测器应能够发出火灾报警信号。 （2）对于不可复位的探测器，应当采取模拟报警的方法逐一检查其报警功能，探测器应能够发出火灾报警信号；若有备用样品时，可抽样检验其报警功能	全数	观察检查
线型红外光束感烟火灾探测器	（1）调整探测器的光路调节装置，使其处于正常监视状态。 （2）用减光率为0.9 dB的减光片遮挡光路，探测器不应发出火灾报警信号。 （3）用减光率为1.0~10.0 dB的减光片遮挡光路，探测器应当发出火灾报警信号。 （4）用减光率为11.5 dB的减光片遮挡光路，探测器应当发出火灾报警信号或者故障报警信号	全数	尺量、观察检查
线型感温火灾探测器	（1）对于可复位的探测器，可以采用专门的检测仪器或者模拟火灾的方法，逐一检查每只火灾探测器的报警功能，探测器应能够发出火灾报警信号；同时在终端盒上模拟故障，探测器应能够发出火灾报警信号与故障报警信号。 （2）对于不可复位的探测器，应当采取模拟报警盒故障的方法逐一检查其报警功能，探测器应能够发出火灾报警信号与故障报警信号	全数	观察检查
通过管路采样的吸气式感烟火灾探测器	（1）在采样管最不利点处的采样孔施加试验烟，探测器或者其控制装置应当在120 s内发出火灾报警信号。 （2）按照产品说明书的要求，改变探测器采样管路的气流，模拟探测器处于故障状态，探测器或者其控制装置应当在100 s内发出故障报警信号	全数	秒表测量、观察检查
点型火焰探测器 图像型火灾探测器	采用专门的检测仪器或者模拟火灾的方法，在探测器监视区域内最不利点处逐一检查每只探测器的报警功能，探测器应能够发出火灾报警信号	全数	观察检查

表 3-41（续）

触发器件名称	调试检验要求	检查数量	检验方法
手动火灾报警按钮	（1）对于可复位的手动火灾报警按钮，可以采用施加适当推力的方法使其动作，按钮应能够发出火灾报警信号。 （2）对于不可复位的手动火灾报警按钮，应当采取模拟动作的方法，按钮应能够发出火灾报警信号；若有备用启动零件时，可抽样检验其报警功能	全数	观察检查

3. 触发器件的验收数量要求

火灾报警触发器件应当按照有关规范和技术标准的要求，进行模拟火灾响应和故障信号检验，抽验比例的具体要求详见表 3-42。

表 3-42　火灾报警触发器件功能抽验比例

实际安装数量/只	抽验数量
≤100	20 只/回路
>100	每个回路抽验实际安装数量的 10%~20%，且抽验总数≥20 只

（三）联动灭火系统

对自动喷水灭火系统、气体灭火系统、泡沫灭火系统、干粉灭火系统等联动响应启动的固定自动灭火系统，应当按照表 3-43 的要求对其控制功能进行检测。

表 3-43　火灾报警系统联动灭火系统控制功能抽验要求

联动灭火系统名称	调试检验要求	抽验比例	检验方法
室内消火栓系统	（1）在消防控制室内操作启、停泵 1~3 次。 （2）在消火栓处操作启泵按钮，按比例抽验	消火栓按钮抽验比例按照实际安装数量的 5%~10%	依据《给水》和设计有关要求执行
自动喷水灭火系统	在消防控制室内操作启、停泵 1~3 次	（1）水流指示器、信号阀等的抽验比例按照实际安装数量的 30%~50%。 （2）压力开关、电动阀、电磁阀等全数检验	尺量、观察检查
气体、泡沫、干粉灭火系统	（1）自动/手动启动和紧急切断试验 1~3 次。 （2）与固定灭火设备联动控制的其他设备（关闭防火门/窗、停止空调风机、关闭防火阀等）试验 1~3 次	抽验比例按照实际安装数量的 20%~30%	观察检查

（四）防火分隔设施

对电动防火门、防火卷帘、防烟和排烟系统阀门等建筑隔火阻烟的分隔设施，应当按照表3-44的要求进行控制功能检测。

表3-44　防火分隔设施功能抽验要求

防火分隔设施名称	调试检验要求	抽验比例	检验方法
防火卷帘控制器	（1）应当与消防联动控制器、火灾探测器、卷门机连接并通电，防火卷帘控制器应当处于正常监视状态。 （2）手动操作防火卷帘控制器的按钮，应当能够向消防联动控制器发出防火卷帘启、闭和停止的反馈信号。 （3）用于疏散通道上的防火卷帘控制器应当具有两步关闭的功能，并应当能够向消防联动控制器发出反馈信号。 （4）用于防火分隔的防火卷帘控制器在接收到防火分区内任一火灾报警信号后，应当能够控制防火卷帘至全关闭状态，并应当向消防联动控制器发出反馈信号	全数	观察检查、仪表测量
防火门、防火卷帘、挡烟垂壁	抽验其电动联动控制功能	抽验比例按照实际安装数量的20%，且抽验总数应≥5樘（实际安装数量≤5樘的，应当全数检验）	依据《报警设计》有关要求执行
防烟和排烟风机	（1）报警联动启动、消防控制室直接启停、现场手动启动联动防烟和排烟风机1～3次。	全数	依据《报警设计》有关要求执行
通风空调与防烟和排烟设备阀门	（2）报警联动停止、消防控制室远程停止通风空调送风1～3次。 （3）报警联动开启、消防控制室开启、现场手动开启防烟和排烟阀门1～3次	抽验比例按照实际安装数量的10%～20%	

三、难点剖析

（一）系统布线的施工安装要求

火灾自动报警系统的布线要求与《建筑电气工程施工质量验收规范》（GB

50303—2015）的规定是一致的。《报警验收》3.2对系统布线的施工安装作出具体规定，主要内容如下所述。

（1）系统导线材质及电压等级选型。根据系统供电线路的不同，导线材质及电压等级选型要求详见表3-45。

表3-45　火灾自动报警系统导线选型

供 电 线 路	导线电压等级	导 线 材 质
系统传输线路、50 V以下的供电线路	不低于交流250 V	铜芯绝缘导线或者铜芯电缆
采用交流220/380 V的供电和控制线路	不低于交流500 V	铜芯导线或者铜芯电缆

（2）火灾自动报警系统应当单独布线，系统内不同电压等级、不同电流类别的线路，不应布置在同一管槽内的同一槽孔中。

（3）为确保穿线顺利进行，保证布线施工质量，作如下规定：

① 在管槽内的布线，应当在建筑抹灰及地面工程结束后进行。

② 金属管入盒时，盒外侧应套锁母，内侧应装护口；在吊顶内敷设时，盒的内外侧均应套锁母。

塑料管入盒应当采取相应的固定措施。

③ 明敷设的各类管路与线槽，应当采用单独的卡具吊装或者支撑物固定，避免在施工过程中发生跑管现象。吊装线槽或者管路的吊杆直径不应小于6 mm。

④ 敷设线槽时应在下列部位设置吊点或者支点：线槽始端终端及接头处、距接线盒0.2 m处、线槽转角或者分支处、直线段不大于3 m处。

吊点或者支点的间距按照下列规则布置：线槽质量重的间距取1.0 m，质量轻的间距取1.5 m。

（4）为提高系统运行的可靠性，作如下规定：

① 穿线前必须将管槽内或者线槽内的积水与杂物清除干净，避免积水影响线路的绝缘。

② 从接线盒、线槽等处引导探测器底座、控制设备、扬声器等设备的线路，应当采用金属软管保护时，其长度不应大于2 m。

③ 敷设在多尘或者潮湿环境中的管口与管子连接处，应当作密封处理。

④ 导线在管槽内不应有接头或者扭结，避免系统线路的机械强度。

⑤ 线槽接口应平直、严密，槽盖应齐全、平直、无翘角；并列安装时，槽盖应便于开启。

⑥ 管线经过建筑物的变形缝（包括沉降缝、伸缩缝、抗震缝等）处，应采取补偿措施防止线路断裂，导线跨越变形缝的两侧应固定，并留有适当余量。

（5）线路接头处是容易发生故障的高风险点，为便于故障排查，导线接头应当在接线盒内焊接或者用端子连接。接线盒的设置应符合表3-46的要求。

表3-46　火灾自动报警系统接线盒的设置

管路长度	管路弯曲个数/个	接线盒设置位置
每超过30 m	0	
每超过20 m	1	在便于接线处设置接线盒
每超过10 m	2	
每超过8 m	3	

（6）火灾自动报警系统导线敷设后，应用500 V兆欧表测量每个回路导线对地的绝缘电阻，且绝缘电阻值不应小于20 MΩ。

（7）同一工程中的导线，应根据不同用途选择不同颜色加以区分，相同用途的导线颜色应一致。电源线正极应为红色、负极应为蓝色或者黑色。

（二）火灾显示盘验收依据

《火灾显示盘》（GB 17429—2011）于2012年1月1日正式实施，替代《火灾显示盘通用技术条件》（GB 17429—1998）。在对火灾自动报警系统的火灾显示盘进行验收时，应当参照现行有效的技术标准实施。

《火灾显示盘》（GB 17429—2011）将《火灾显示盘通用技术条件》（GB 17429—1998）4.3的设备基本功能试验内容进行细分，具体分为火灾报警显示功能试验、故障显示功能试验、监管报警显示功能试验、自检功能试验、信息显示与查询功能试验和电源功能试验。

1. 火灾报警显示功能

（1）火灾显示盘应当能接收与其连接的火灾报警控制器发出的火灾报警信号，并在火灾报警控制器发出报警信号后3 s内发出火灾报警声光信号，显示火灾发生部位；火灾报警声信号应当能够手动消除，当再次有火灾报警信号输入时，应当再次启动；火灾报警光信号应保持至火灾报警控制器复位。

（2）若接收的火灾报警信号为手动火灾报警按钮报警信号时，火灾显示盘应当能够显示该火灾报警信号为手动火灾报警按钮报警。

（3）火灾显示盘应当能够显示其设定区域范围内的所有火灾报警信息。采用显示器显示火灾报警信息时，若不能同时显示所有火灾报警信息，应当能够显示首个火灾报警信息，后续火灾报警信息能够实现手动查询；每手动查询一次，仅可查询一个火灾报警部位及其相关信息，查询结束1 min内，应当能够实现自动返回首个火灾报警信息的功能；采用自动循环显示方式显示后续火灾报警信息时，每次应当能够显示一条完整的火灾报警信息，首个火灾报警信息应当在显示器顶部或者采用独立的显示器单独显示，手动查询功能应能实现操作优先。

（4）火灾显示盘若能显示火灾报警的时间，则该时间应与火灾报警控制器的显示时间一致。

（5）除火灾报警控制器的复位操作外，对火灾显示盘的任何操作均不应操作其接收和发出火灾报警信号。

2. 故障显示功能

（1）采用主电源为 220 V、50 Hz 交流电源供电的火灾显示盘，其故障显示功能具体要求见表 3-47。

表 3-47　火灾显示盘故障显示功能一览表

序号	故　障　情　形	火灾显示盘功能
1	给备用电源充电的充电器与备用电源之间的连接线断路或者短路	在 100 s 内发出故障声光报警信号，并显示故障的类型
2	备用电源与其负载之间的连接线路短路或者短路	
3	备用电源单独供电时，其电压不足以保证火灾显示盘正常工作	
4	主电源欠压	

注：1. 故障声信号应当与火灾报警声信号有明显区别。

　　2. 故障声信号应当能够手动消除，若再次有故障信号输入时，应当能够再次启动。

　　3. 故障光信号应当保持至故障排除或者火灾报警控制器复位。

（2）若接收的火灾报警信号为手动火灾报警按钮报警信号时，火灾显示盘应当能够显示该火灾报警信号为手动火灾报警按钮报警。

（3）具有接受火灾报警控制器传来的火灾探测器、手动火灾报警按钮以及其他火灾报警触发器件的故障报警信号功能的火灾显示盘，应当能够在火灾报警控制器发出故障信号后 3 s 内发出故障声光报警信号，指示故障发生部位。

故障声信号应当与火灾报警信号声信号有明显区别；故障声信号应当能够手动消除，若再次有故障信号输入时，应当能够再次启动。

故障光信号应当与火灾报警控制器相应的状态一致。

（4）具有故障显示功能的火灾显示盘，应当能够显示其设定区域范围内的所有故障信息；当不能同时显示所有故障信息时，未显示的故障信息应当能够实现手动可查。

（5）任一故障均不应影响非故障部分正常工作。

3. 监管报警显示功能

（1）该项功能仅适用于具有此项功能的火灾显示盘。

（2）具有监管报警显示功能的火灾显示盘，应当设有专用的监管总指示灯，只要有监管报警信号输入，该总指示灯应当点亮。

（3）具有监管报警功能的火灾显示盘，应当能够接收火灾报警控制器传输来的监管报警信号，并在火灾报警控制器发出监管报警信号后 3 s 内发出监管报警声光信号，同时指示监管报警部位。

监管报警声信号应当与火灾报警信号声信号有明显区别；监管报警声信号应当能够手动消除，若再次有监管报警信号输入时，应当能够再次启动。

监管报警光信号应当与火灾报警控制器相应的状态一致。

（4）具有监管报警显示功能的火灾显示盘，应当能够显示其设定区域范围内的所有监管报警信息；当不能同时显示所有监管报警信息时，未显示的监管报警信息应当能够实现手动可查。

4. 自检功能

（1）火灾显示盘应当具有手动检查其音响器件、面板上所有指示灯与显示器等工作状态的功能。

（2）自检时间超过 1 min 或者不能自动停止自检时，若有信号输入，应当自动指示相应的状态，并显示相应的信息。

5. 信息显示与查询功能

（1）火灾显示盘的信息显示应当按照火灾报警、监管报警、故障报警的顺序降序（由高至低）排列显示等级，高等级信息应当优先显示，低等级信息的显示不应当影响高等级信息显示，显示的信息应与对应的状态一致且易于辨识。

（2）当火灾显示盘处于某一高等级的信息显示时，应当能够通过手动操作查询其他低等级的信息。

（3）各等级信息不能够交替显示。

6. 电源功能

采用主电源为 220 V、50 Hz 交流电源供电的火灾显示盘，应当具有下列功能：

（1）主、备电源转换功能。当主电源断电时，应当自动转换到备用电源；当主电源恢复时，应当自动转换到主电源；应当具有主、备电源工作状态指示；主、备电源的转换不应影响火灾显示盘的正常工作。

（2）主电源应当能够保证火灾显示盘在火灾报警状态下连续工作 4 h，且应当具有过流保护措施。

（3）当交流供电电压变动幅度在额定电压（220 V）的85%～110%范围内、频率为（50±4）Hz时，火灾显示盘应当能够正常工作。

（4）备用电源在放电至终止电压条件下，充电24 h，其容量应当能够提供火灾显示盘在正常监视状态下工作8 h后，在火灾报警状态下仍可工作30 min。

（三）系统子分部项目抽验比例要求

《报警验收》5.3对系统各子分部项目抽验作出具体规定，其中抽验比例是易混淆的难点，具体要求详见表3-48。

表3-48　火灾自动报警系统子分部项目抽验比例

子分部项目	检查比例	子分部项目	检查比例
各类消防用电设备主、备电源的自动转换装置	全数	消防电梯和非消防电梯的迫降功能	全数
火灾报警控制器和消防联动控制器	全数	消防应急广播设备控制功能	按照实际安装数量的10%～20%进行抽验
消防联动控制系统中的其他用电设备	实际安装数量小于或等于5台的，全数检查。实际安装数量大于5台但小于10台的，抽验5台。实际安装数量大于或等于10台的，按照实际安装数量的30%～50%抽验，且抽验总数不应小于5台	电动防火门控制装置以及防火卷帘控制器	实际安装总数小于或等于5樘的，全数检查。实际安装总数大于5樘的，应按照实际安装数量的20%抽验，且抽验数量不得少于5樘
火灾探测器和手动火灾报警按钮	实际安装总数小于或等于100只的，每个回路抽验20只。实际安装总数大于100只的，每个回路按照实际安装数量的10%～20%抽验，且抽验数量不应少于20只	通风空调、防烟和排烟及电动阀等控制功能	防烟和排烟风机应当全数检查。通风空调与防烟和排烟设备阀门应当按照实际安装数量的10%～20%进行抽验
自动喷水灭火系统控制功能	水流指示器、信号阀等按照实际安装数量的30%～50%抽验。压力开关、电动阀、电磁阀等按照实际数量全数检查	消防专用电话	电话插孔按照实际安装数量的10%～20%进行通话试验

表 3-48 (续)

子分部项目	检查比例	子分部项目	检查比例
室内消火栓手动启泵按钮	按照实际安装数量的 5%~10% 抽验	火灾应急照明和疏散指示系统控制功能	全数
气体、泡沫、干粉等自动灭火系统控制功能	按照实际安装数量的 20%~30% 抽验	切断非消防电源的控制功能	全数

第十节 消防用电与电气防火防爆

消防用电与电气防火防爆验收应依据:

(1)《建筑电气工程施工质量验收规范》(GB 50303—2015),该标准简称为《电气验收》。

(2)《民用建筑电气设计规范》(JGJ 16—2008),该标准简称为《民规》。

(3)《建规》。

(4)《建筑电气照明装置施工与验收规范》(GB 50617—2010),该标准简称为《照明》。

(5)《电气火灾监控系统 第 1 部分:电气火灾监控设备》(GB 14287.1—2014),该标准简称为《监控 1》。

(6)《电气火灾监控系统 第 2 部分:剩余电流式电气火灾监控探测器》(GB 14287.2—2014),该标准简称为《监控 2》。

(7)《电气火灾监控系统 第 3 部分:测温式电气火灾监控探测器》(GB 14287.3—2014),该标准简称为《监控 3》。

(8)《电气火灾监控系统 第 4 部分:故障电弧探测器》(GB 14287.4—2014),该标准简称为《监控 4》。

(9)《电气装置安装工程 爆炸和火灾危险环境电气装置施工及验收规范》(GB 50257—2014)。

(10)《爆炸危险环境电力装置设计规范》(GB 50058—2014),该标准简称为《爆炸规范》。

(11)《北京市电气防火检测技术规范》(DB 11/065—2010),该标准简称为《北京电气》。

消防用电与电气防火防爆验收内容如图 3-16 所示。

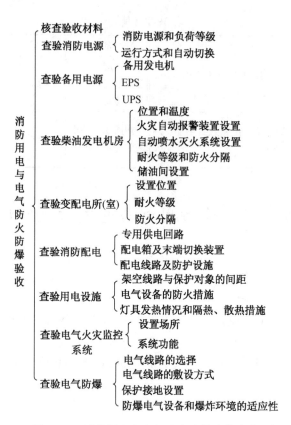

图 3-16　消防用电与电气防火防爆验收内容

一、消防用电与电气防火

消防用电与电气防火验收工作首先结合供电施工合同、供电系统竣工图、出厂合格证明文件等资料进行核查，新型电气设备、器具验收时应提供安装、使用、维修和试验要求等技术文件；进口电气设备、器具和材料验收时应提供质量合格证明文件，性能检测报告以及安装、使用、维修、试验要求和说明等技术文件；对有商检规定要求的进口电气设备，尚应提供商检证明。除文件资料合格性验收外，进行现场检查验收。

（一）重点内容

1. 查验消防电源

通过供电施工合同、方案等文件，检查验收消防电源的选择是否与设计确定的供电负荷等级相适应。

1）查验供电电源是否满足消防负荷等级

（1）消防用电负荷等级为一级时，应由主电源和自备电源或城市电网中独立于主电源的专用回路的双电源供电。

对于一级负荷中特别重要的负荷，除双重电源外，需要增设应急电源。

（2）消防用电负荷等级为二级时，应由主电源和与主电源不同变电系统，提供应急电源的双回路电源供电。

（3）为消防用电设备提供的两路电源同时供电时，可由任一回路作主电源，当主电源断电时，另一路电源应自动投入。

（4）消防系统配电装置，应设置在建筑物的电源进线处或配变电所处，其应急电源配电装置宜与主电源配电装置分开设置；当分开设置有困难，需要与主电源并列布置时，其分界处应设防火隔断。配电装置应有明显标志。

2）查验消防电源运行方式和自动切换功能

结合供电系统竣工图、查验消防电源的运行方式是否与设计一致，根据消防电源的运行方式现场测试电源的自动切换功能、切换时间是否满足要求。

（1）消防水泵、消防电梯、防烟及排烟风机等消防设备的两个供电回路，应在最末一级配电箱处自动切换。消防设备的控制回路不得采用变频调速器作为控制装置。

（2）除以上消防设备外，各防火分区的消防用电设备，应由消防电源中的双电源或双回线路电源供电。末端配电箱应设置双电源自动切换装置，配电箱应安装于所在防火分区内。详细内容参见《民规》13.9.9。

（3）一、二级负荷消防电源采用自备发电机时，发电机应设置自动和手动启动装置。当采用自动启动方式时，应能保证在 30 s 内供电。主电源和应急电源之间采用自动切换方式。

2. 查验备用电源

查验备用电源主要是对备用发电机、不间断电源（UPS）或应急电源（EPS）进行查验。查验要点见表3-49。

表3-49　备用电源的查验要点

查验内容	查 验 要 点	对应规范条目
备用发电机	查验备用发电机规格、型号及功率。柴油发电机组一般额定电压为230/400 V，单机容量一般为2000 kW及以下	《民规》6.1.1
	查验发电机机组布置。机房的布置根据机组容量大小和台数而定。小容量机组一般机电一体，不用设控制室；机组容量较大，可把机房和控制室分开布置。机组布置一般以横向布置为主，机组中心线与机房轴线垂直	《民规》6.1.3

表 3-49（续）

查验内容	查 验 要 点	对应规范条目
备用发电机	查验燃料配备。对于柴油发电机来说，为保证机组应急时随时启动，需要储备一定数量燃料油，并设两个以上柴油储油箱，便于新油沉淀。最大储油量不应超过 8 h 的需要量，并按防火要求处理	《民规》6.1.11、6.1.8 条文说明
	核对主机、附件、专用工具、备品备件和随机技术文件：合格证和出厂试运行记录应齐全、完整，发电机及其控制柜应有出厂试验记录。外观检查：设备应有铭牌，涂层应完整，机身应无缺件	《电气验收》3.2.8
	测试应急启动发电机。一类高层建筑及火灾自动报警系统保护对象分级为一级建筑物的发电机组，应设有自动启动装置，当市电中断时，机组应立即启动，并应在 30 s 内供电。二类高层建筑及二级保护对象建筑物的发电机组，可采用手动启动装置。机组应与市电联锁，不得与其并列运行。当市电恢复时，机组应自动退出工作，并延迟停机	《民规》6.1.8
EPS	查验 EPS 初装容量和备用时间。EPS 的蓄电池初装容量应保证备用时间不小于 90 min。核对各输出回路的负荷量，不应超过 EPS 的额定最大输出功率。EPS 额定输出功率不应小于所连接的应急照明负荷总容量的 1.3 倍。查验 EPS 切换时间。EPS 用作安全照明电源装置时，不应大于 0.25 s；用作疏散照明电源装置时，不应大于 5 s；用作备用照明电源装置时，不应大于 5 s；金融、商业交易场所不应大于 1.5 s	《民规》6.2.2~6.2.5
	查验输入回路断路器的过载和短路电流整定值。查验应急电源装置的允许过载能力。当对电池性能、极性及电源转换时间有异议时，应由制造商负责现场测试，并应符合设计要求	《电气验收》8.1.1~8.1.4
UPS	查验 UPS 额定输出功率。对电子计算机供电时，UPS 装置的额定输出功率应大于计算机各设备额定功率总和的 1.2 倍，对其他用电设备供电时，其额定输出功率应为最大计算负荷的 1.3 倍	《民规》6.3.3~6.3.6
	查验 UPS 的整流、逆变、静态开关、储能电池或蓄电池组的规格、型号。内部接线应正确，可靠不松动、紧固件应齐全。查验 UPS 的极性和保护系统等。极性应正确，输入、输出各级保护系统的动作和输出的电压稳定性、波形畸变系数及频率、相位、静态开关的动作等各项技术性能指标试验调整应符合产品技术文件要求。查验绝缘电阻值。UPS 的输入端、输出端对地间绝缘电阻值不应小于 2 MΩ，UPS 连线及出线的线间、线对地间绝缘电阻值不应小于 0.5 MΩ。查验输出端的系统接地连接方式是否与设计图一致	《电气验收》8.1.1~8.1.5

3. 查验柴油发电机房

对柴油发电机房的检查和验收主要是查看储油间的设置，查看发电机房的位置、耐火等级、防火分隔、疏散门等建筑防火要求。查验要点见表3-50。

表3-50　柴油发电机房的查验要点

查验内容	查　验　要　点	对应规范条目
位置和温度	发电机房一般靠近一级负荷或配变电所设置，可布置在一楼、地下一层和二层。不应布置在三层及以下。布置在地下层时，应通风、防潮，做好排烟、消声和减振等措施。机房温度在5~35℃之间	《民规》6.1.1
火灾自动报警装置设置	设置在高层建筑内的柴油发电机房，应设置火灾自动报警系统。除高层建筑外，火灾自动报警系统保护对象分级为一级和二级的建筑物内的柴油发电机房，应设置火灾自动报警系统和移动式或固定式灭火装置	
自动喷水灭火系统设置	应设置除卤代烷1211、1301以外的与柴油发电机容量和建筑规模相适应的灭火设施，当建筑内其他部位设置自动喷水灭火系统时，机房内应设置自动喷水灭火系统	
耐火等级和防火分隔	应采用耐火极限不低于2.00h的防火隔墙和1.50h的不燃性楼板与其他部位分隔，门应采用甲级防火门	《建规》5.4.13
储油间设置	机房内设置储油间时，其总储存量不应大于1m³，储油间应采用耐火极限不低于3.00h的防火隔墙与发电机间分隔；确需在防火隔墙上开门时，应设置甲级防火门	

4. 查验变配电所（室）

对变配电所（室）的检查和验收主要是查看查看设置位置、耐火等级、防火分隔、疏散门等建筑防火要求。查验要点见表3-51。

表3-51　变配电所（室）的查验要点

查验内容	查　验　要　点	对应规范条目
设置位置	（1）宜靠近建筑物用电负荷中心。进出线方便，接近电源侧。可设置在建筑物的地下层，但不宜设置在最底层。不应设在有剧烈震动或爆炸危险截止的场所，不应设在厕所、浴室等经常积水场所的正下方或邻近区域，不应设在地势低洼和可能积水的场所，不宜设在多尘、水雾或有腐蚀性气体的场所。	《民规》4.2

表 3-51 (续)

查验内容	查 验 要 点	对应规范条目
设置位置	(2) 室外变、配电装置距堆场、可燃液体储罐和甲、乙类厂房库房不应小于 25 m；距其他建筑物不应小于 10 m；距液化石油气罐不应小于 35 m；石油化工装置的变、配电室还应布置在装置的一侧，并位于爆炸危险区范围以外。变压器油量越大，建筑物耐火等级越低及危险物品储量越大者，所要求的间距也越大，必要时可加防火墙	《民规》4.2
耐火等级	(1) 可燃油油浸电力变压器室的耐火等级应为一级。 (2) 非燃或难燃介质的电力变压器室、电压为 10(6) kV 的配电装置室和电容器室的耐火等级不应低于二级。 (3) 低压配电装置室和电容器室的耐火等级不应低于三级	《民规》4.9.1
防火分隔	(1) 配变电所位于高层主体建筑（或裙房）内时，通向其他相邻房间的门应为甲级防火门，通向过道的门应为乙级防火门。 (2) 位于多层建筑物的二层或更高层时，通向其他相邻房间的门应为甲级防火门，通向过道的门应为乙级防火门。 (3) 位于多层建筑物的一层时，通向相邻房间或过道的门应为乙级防火门。 (4) 位于地下层或下面有地下层时，通向相邻房间或过道的门应为甲级防火门。 (5) 附近堆有易燃物品或通向汽车库的门应为甲级防火门。 (6) 直接通向室外的门应为丙级防火门。 (7) 配变电所的通风窗，应采用非燃烧材料	《民规》4.9.2

另外，还需要对变、配电装置进行防火措施检查。例如，变压器保护、防止雷击措施、接地措施、过电流保护措施、短路防护措施、剩余电流保护装置等。

5. 查验消防配电

对消防配电的查验主要是查验用电设备是否设置专用供电回路，查看消防用电设备的配电箱及末端切换装置，查看配电线路敷设及防护措施等。

1) 查验消防设备的专用供电回路

结合供电系统竣工图，现场检查消防用电设施的回路设计。消防水泵、消防电梯、防烟和排烟设备、火灾自动报警系统、自动喷水灭火系统、消防应急照明、疏散指示标志和电动的防火门、卷帘、阀门及消防控制室的各种控制装置等的用电设备应采用单独的回路供电。即从低压总配电室或分配电室至消防设备或消防设备室（如消防水泵房、消防控制室、消防电梯机房等）最末级配电箱的配电线路采用单独的回路供电。当建筑内生产、生活用电被切断时，应仍能保证消防用电。

2）查验消防用电设备的配电箱及末端切换装置

主要查验内容：

（1）消防控制室、消防水泵房、防烟和排烟风机房的消防用电设备及消防电梯等的供电，两个供电回路应在其配电线路的最末一级配电箱处设置自动切换装置。

（2）按一、二级负荷供电的消防设备，其配电箱应独立设置；按三级负荷供电的消防设备，其配电箱宜独立设置。消防配电设备应设置明显标志。

（3）可燃材料仓库的配电箱及开关应设置在仓库外。

（4）除消防水泵、消防电梯、防烟及排烟风机等消防设备外，各防火分区的消防用电设备，末端配电箱应设置双电源自动切换装置，该箱应安装于所在防火分区内；由末端配电箱配出引至相应设备，宜采用放射式供电。

（5）公共建筑物顶层，除消防电梯外的其他消防设备，可采用一组消防双电源供电。由末端配电箱引至设备控制箱，应采用放射式供电。

（6）当12~18层普通住宅的消防电梯兼作客梯且两类电梯共用前室时，可由一组消防双电源供电。末端双电源自动切换配电箱，应设置在消防电梯机房间，由配电箱至相应设备应采用放射式供电。

3）查验配电线路敷设及防护措施

查看消防配线的出厂合格证，确定其线型选择符合要求，现场检查消防配电线路的电缆选择和敷设方式。消防配线的明敷、暗敷以及直接敷设等方式与线型选择、敷设位置相适应，并符合规范相关要求，见表3-52。

表3-52　配电线路敷设及防护措施查验要点

查验内容	查 验 要 点	对应规范条目
线型及线缆选择	所有消防线路，应为铜芯导线或电缆。火灾自动报警系统的传输线路和50 V以下供电的控制线路，应采用耐压不低于交流300/500 V的多股绝缘电线或电缆。采用交流220/380 V供电或控制的交流用电设备线路，应采用耐压不低于交流450/750 V的电线或电缆	《民规》13. 10. 1~13. 10. 2
	火灾自动报警系统传输线路的线芯截面积应符合规定要求。穿管敷设的绝缘电线，线芯最小截面积为1. 00 mm²；线槽内敷设的绝缘电线，线芯最小截面积为0. 75 mm²；多芯电缆最小截面积为0. 50 mm²	《民规》13. 10. 3

189

表 3-52（续）

查验内容	查验要点	对应规范条目
线型及线缆选择	火灾自动报警系统保护对象分级为特级的建筑物，其消防设备供电干线及分支干线，应采用矿物绝缘电缆。 火灾自动报警保护对象分级为一级的建筑物，其消防设备供电干线及分支干线，宜采用矿物绝缘电缆；当线路的敷设保护措施符合防火要求时，可采用有机绝缘耐火类电缆。 火灾自动报警保护对象分级为二级的建筑物，其消防设备供电干线及分支干线，应采用有机绝缘耐火类电缆。 消防设备的分支线路和控制线路，宜选用与消防供电干线或分支干线耐火等级降一类的电线或电缆	《民规》 13.10.4
敷设方式	当采用矿物绝缘电缆时，应采用明敷设或在吊顶内敷设。 难燃型电缆或有机绝缘耐火电缆，在电气竖井内或电缆沟内敷设时可不穿导管保护，但应采取与非消防用电电缆隔离措施。 当采用有机绝缘耐火电缆为消防设备供电的线路，采用明敷设、吊顶内敷设或架空地板内敷设时，应穿金属导管或封闭式金属线槽保护；所穿金属导管或封闭式金属线槽应采取涂防火涂料等防火保护措施。 当线路暗敷设时，应穿金属导管或难燃型刚性塑料导管保护，并应敷设在不燃烧结构内，且保护层厚度不应小于 30 mm	《民规》 13.10.5
	消防配电干线宜按防火分区划分，消防配电支线不宜穿越防火分区	《建规》 10.1.7
	电力电缆不应和输送甲、乙、丙类液体管道、可燃气体管道、热力管道敷设在同一管沟内	《建规》 10.2.2
	配电线路不得穿越通风管道内腔或直接敷设在通风管道外壁上，穿金属导管保护的配电线路可紧贴通风管道外壁敷设。配电线路敷设在有可燃物的闷顶、吊顶内时，应采取穿金属导管、采用封闭式金属槽盒等防火保护措施	《建规》 10.2.3
	电缆敷设不得存在绞拧、铠装压扁、护层断裂和表面严重划伤等缺陷。交流单芯电缆或分相后的每相电缆不得单根独穿于钢导管内，固定用的夹具和支架不应形成闭合磁路	《电气验收》 13.1.1~13.1.7
防火措施	管道、电气线路敷设在墙体内或穿过楼板、墙体时，应采取防火保护措施，与墙体、楼板之间的缝隙应采用防火封堵材料填塞密实	《建规》 11.0.9
	电缆出入电缆沟，电气竖井，建筑物，配电（控制）柜、台、箱处以及管子管口处等部位应采取防火或密封措施。另外，还要采取预防电气线路短路、预防电气线路过载、预防电气线路接触电阻过大的措施	《电气验收》 13.2.2
	电缆、电缆桥架、金属线槽及封闭式母线在穿越不同防火分区的楼板、墙体时，其洞口采取防火封堵，是为防止火灾蔓延扩大灾情。应按布线形式的不同，分别采用经消防部门检测合格的防火包、防火堵料或防火隔板	《民规》 8.1.8

6. 查验用电设施

1）查验架空线路与保护对象的间距

现场测量架空电力线路与周边甲、乙类厂房（仓库）等对象的水平间距，确定是否满足规范要求。

架空电力线与甲、乙类厂房（仓库），可燃材料堆垛，甲、乙、丙类液体储罐，液化石油气储罐，可燃、助燃气体储罐的最近水平距离应符合表3-53的规定。

35 kV 及以上架空电力线与单罐容积大于200 m³ 或总容积大于1000 m³ 液化石油气储罐（区）的最近水平距离不应小于40 m。

表3-53 架空电力线与甲、乙类厂房（仓库），可燃材料堆垛等的最近水平距离

名　　称	架空电力线	对应规范条目
甲、乙类厂房（仓库），可燃材料堆垛，甲、乙类液体储罐，液化石油气储罐，可燃、助燃气体储罐	电杆（塔）高度的1.5倍	《建规》10.2.1
直埋地下的甲、乙类液体储罐和可燃气体储罐	电杆（塔）高度的0.75倍	
丙类液体储罐	电杆（塔）高度的1.2倍	
直埋地下的丙类液体储罐	电杆（塔）高度的0.6倍	

2）查验电气设备的防火措施

（1）装有电气设备的箱、盒等，应采用金属制品；电气开关和正常运行时产生火花或外壳表面温度较高的电气设备，应远离可燃物质的存放地点，其最小距离不应小于3 m。

（2）在火灾危险环境内不宜使用电热器。当生产要求应使用电热器时，应将其安装在非燃材料的底板上，并应装设防护罩。

（3）移动式和携带式照明灯具的玻璃罩，应采用金属网保护。

（4）露天安装的变压器或配电装置的外廓距火灾危险环境建筑物的外墙，不宜小于10 m。如果火灾危险环境建筑物靠变压器或配电装置一侧的墙为非燃烧性，或者在高出变压器或配电装置高度3 m的水平线以上或距变压器或配电装置外廓3 m以外的墙壁上，可安装非燃烧的镶有铁丝玻璃的固定窗，则露天安装的变压器或配电装置的外廓距火灾危险环境建筑物的外墙可以小于10 m。

3）查验灯具的发热情况和隔热、散热措施

查看灯具的出厂合格文件，现场查看设置位置、确定类型和位置等设置是否符合规范要求。查验要点见表 3-54。各类建筑照明设计详细要求参见《民规》10.8。

表 3-54 灯具的查验要点

查验内容	查 验 要 点	对应规范条目
灯具选择	室内照明应采用高光效光源和高效灯具。在有特殊要求不宜使用气体放电光源的场所，可选用卤钨灯或普通白炽灯光源	《民规》10.4.2
	有显色性要求的室内场所不宜选用汞灯、钠灯等作为主要照明光源	《民规》10.4.3
	对于仅满足视觉功能的照明，宜采用直接照明和选用开敞式灯具	《民规》10.4.9
	在高度较高的空间安装的灯具宜采用长寿命光源或采取延长光源寿命的措施	《民规》10.4.10
	可燃材料仓库内宜使用低温照明灯具，并应对灯具的发热部件采取隔热等防火措施，不应使用卤钨灯等高温照明灯具。配电箱及开关应设置在仓库外	《建规》10.2.5
设置位置	灯具表面及其附件等高温部位靠近可燃物时，应采取隔热、散热等防火保护措施。照明灯具与可燃物之间要保持安全距离，不同类型灯具的安全距离见表3-55	《照明》4.1.4
	变电所内，高低压配电设备及裸母线的正上方不应安装灯具，灯具与裸母线的水平净距不应小于 1 m	《照明》4.1.5
	室外墙上安装的灯具，灯具底部距地面的高度不应小于 2.5 m	《照明》4.1.6
隔热设置	开关、插座和照明灯具靠近可燃物时，应采取隔热、散热等防火措施。查验卤钨灯和额定功率 100 W 以上的白炽灯泡的吸顶灯、槽灯、嵌入式灯引入线的隔热保护措施。这些灯具应采用瓷质灯头，引入线应采用瓷管、矿棉等不燃材料作隔热保护。60 W 以上的白炽灯、卤钨灯、高压钠灯、金属卤灯光源、荧光高压汞灯（包括电感镇流器），这些灯具不应直接安装在可燃装修材料或可燃构件上。聚光灯的聚光点不应落在可燃物上	《建规》10.2.4

照明灯具与可燃物之间的安全距离见表 3-55。

表3-55　照明灯具与可燃物之间的安全距离

灯 具 种 类	安全距离/m	规范条目
普通灯具	≥0.3	《北京电气》6.1.2.3
高温灯具（聚光灯、碘钨灯）	≥0.5	
影剧院、礼堂用的面光灯、耳光灯	≥0.5	
功率为100~500 W 的灯具	≥0.5	
功率为500~2000 W 的灯具	≥0.7	
功率为2000 W 以上的灯具	≥1.2	

7. 查验电气火灾监控系统

1）查验电气火灾监控系统的设置场所

老年人照料设施的非消防用电负荷应设置电气火灾监控系统。下列建筑或场所的非消防用电负荷宜设置电气火灾监控系统：

（1）建筑高度大于50 m 的乙、丙类厂房和丙类仓库，室外消防用水量大于30 L/s 的厂房（仓库）。

（2）一类高层民用建筑。

（3）座位数超过1500 个的电影院、剧场，座位数超过3000 个的体育馆，任一层建筑面积大于3000 m² 的商店和展览建筑，省（市）级及以上的广播电视、电信和财贸金融建筑，室外消防用水量大于25 L/s 的其他公共建筑。

（4）国家级文物保护单位的重点砖木或木结构的古建筑。

2）查验电气火灾监控系统的功能

检查设备各组件的合格证明文件，检查和测试系统的监控、报警等功能。电气火灾监控系统的查验要点见表3-56。

表3-56　电气火灾监控系统的查验要点

查验内容	查 验 要 点	对应规范条目
监控报警功能	监控设备应能接收来自电气火灾监控探测器的监控报警信号，并在 10 s 内发出声光报警信号，指示报警部位、显示报警时间，并予以保持，直到监控设备手动复位	《监控 1》 4.3.2
	监控设备应能实时接收来自探测器测量的剩余电流值和温度值，剩余电流值和温度值应可查询；报警状态下应能显示并保持报警值，在报警值设定范围中显示误差不应大于 5%	《监控 1》 4.3.4
	当监控设备接收到能指示报警部位的线型感温火灾探测器的火灾报警信号时，应能在 10 s 内发出声光报警信号，显示相应的火灾报警部位	《监控 1》 4.3.7

表 3-56（续）

查验内容	查 验 要 点	对应规范条目
故障报警功能	当监控设备与探测器之间的连接线断路、短路，接收到探测器发来的故障信号，发生影响监控报警功能的接地，或者监控设备主电源欠压时，应能在100 s内发出与监控报警信号有明显区别的声光故障信号，显示故障部位	《监控1》4.4.1
	故障声信号应能手动消除，再有故障信号输入时，应能再启动；故障光信号应保持至故障排除	《监控1》4.4.2
	故障期间，非故障部位的功能不应受影响	《监控1》4.4.3
探测功能	对于剩余电流式电气火灾监控探测器来说，当被保护线路剩余电流达到报警设定值时，探测器应在30 s内发出报警信号，点亮报警指示灯。非独立式探测器的报警指示应保持至与其相连的电气火灾监控设备复位，独立式探测器的报警指示应保持至手动复位	《监控2》5.2.4
	对于测温式电气火灾监控探测器来说，当被监视部位温度达到报警设定值时，探测器应在40 s内发出报警信号，点亮报警指示灯。非独立式探测器的报警指示应保持至与其相连的电气火灾监控设备复位，独立式探测器的报警指示应保持至手动复位	《监控3》5.2.3
	对于故障电弧探测器来说，当被探测线路在1 s内发生14个及其以上半周期的故障电弧时，探测器应在30 s内发出报警信号，点亮报警指示灯。非独立式探测器的报警指示应保持至与其相连的电气火灾监控设备复位，独立式探测器的报警指示应保持至手动复位	《监控4》5.4.1

（二）难点剖析

1. 查验消防用电设备供电线路的防火封堵措施

为了持续为消防用电设备供电，防止火灾对消防供电线路的影响，在电缆隧道、电缆桥架等位置要采取防火封堵措施。因为涉及的场所众多，每个场所的防火封堵材料也不尽相同。因此，在查验过程中需要针对不同场所检查防火封堵材料的适用性。需要进行防火封堵的部位如下：

（1）穿越不同的防火分区。

（2）沿竖井垂直敷设穿越楼板处。

（3）管线进出竖井处。

（4）电缆隧道、电缆沟、电缆间的隔墙处。

（5）穿越建筑物的外墙处。

（6）至建筑物的入口处，至配电间、控制室的沟道入口处。

（7）电缆引至配电箱、柜或控制屏、台的开孔部位。

对于电缆隧道来说，应在预留孔洞的上部采用膨胀型防火钢板进行加固；预留的孔洞过大时，应采用槽钢或角钢进行加固，将孔洞缩小后方可加装防火封堵系统；防火密封胶直接接触电缆时，封堵材料不得含有腐蚀电缆表皮的化学元素；电缆竖井应采用矿棉板加膨胀型防火堵料组合成的膨胀型防火封堵系统，防火封堵系统的耐火极限不应低于楼板的耐火极限；电气柜孔应采用矿棉板加膨胀型防火堵料组合的防火封堵，先根据需封堵孔洞的大小估算出密度为 160 kg/m³以上的矿棉板使用量，并根据电缆数量裁出适当大小的孔；孔洞底部应铺设厚度为 50 mm 的矿棉板，孔隙口及电缆周围应填塞矿棉，并应采用膨胀型防火密封胶进行密实封堵。

2. 查验不同建筑的照明装置设置

照明装置作为最常用的用电设施，对照明灯具、插座、开关等部件的类型、高度、防火性能等要素的检查是检验过程中必不可少的一个环节。照明装置的类型、外观、功能等具有多样化的特征，甚至有些场所会有一些定制照明装置。因此，结合不同场所特征，对照明装置的类型和安全性进行判断，是一个综合多维度要素、需要反复斟酌的过程。各类建筑照明装置设置要求见表3-57。

表3-57　各类建筑照明装置设置要求

查验内容	查验要点	对应规范条目
住宅照明装置	（1）照明宜选用细管径直管荧光灯或紧凑型荧光灯。当因装饰需要选用白炽灯时，宜选用双螺旋白炽灯。 （2）公共走道、走廊、楼梯间应设人工照明，除高层住宅（公寓）的电梯厅和火灾应急照明外，均应安装节能型自熄开关或设带指示灯（或自发光装置）的双控延时开关。 （3）住宅配电箱（分户箱）的进线端应装设短路、过负荷和过、欠电压保护电器。 （4）电源插座底边距地低于 1.8 m 时，应选用安全型插座	《民规》10.8.1
学校照明装置	（1）用于晚间学习的教室的平均照度值宜较普通教室高一级，且照度均匀度不应低于 0.7。 （2）教室照明灯具与课桌面的垂直距离不宜小于 1.7 m	《民规》10.8.2
办公楼照明设置	（1）办公室、设计绘图室、计算机室等宜采用直管荧光灯。对于室内饰面及地面材料的反射比，顶棚宜为 0.7；墙面宜为 0.5；地面宜为 0.3。 （2）办公房间的一般照明宜设计在工作区的两侧，采用荧光灯时宜使灯具纵轴与水平视线相平行。不宜将灯具布置在工作位置的正前方。大开间办公室宜采用与外窗平行的布灯形式	《民规》10.8.3

表 3-57（续）

查验内容	查 验 要 点	对应规范条目
商业照明设置	（1）橱窗照明宜采用带有遮光格栅或漫射型灯具。当采用带有遮光格栅的灯具安装在橱窗顶部距地高度大于 3 m 时，灯具的遮光角不宜小于 30°；当安装高度低于 3 m，灯具遮光角宜为 45°以上。 （2）室外橱窗照明的设置应避免出现镜像，陈列品的亮度应大于室外景物亮度的 10%。展览橱窗的照度宜为营业厅照度的 2~4 倍。 （3）对贵重物品的营业厅宜设值班照明和备用照明。 （4）大营业厅照明不宜采用分散控制方式	《民规》10.8.4
医院照明装置设置	（1）护理单元的疏散通道和疏散门应设置灯光疏散标志。 （2）病房的照明宜以病床床头照明为主，并宜设置一般照明，灯具亮度不宜大于 2000 cd/m² 。当采用荧光灯时宜采用高显色性光源，精神病房不宜选用荧光灯。 （3）当在病房的床头上设有多功能控制板时，其上宜设有床头照明灯开关、电源插座、呼叫信号、对讲电话插座以及接地端子等	《民规》10.8.6

二、电气防爆

（一）重点内容

对爆炸危险环境的电力装置和设备进行验收时，产品的技术文件应齐全，电气设备外观应无损伤、无腐蚀、无受潮。防爆电气设备应有"Ex"标志和标明防爆电气设备的类型、级别、组别标志的铭牌，并应在铭牌上标明防爆合格证号。

电气防爆的主要查验内容如下所述。

1. 查验电气线路的选择

（1）爆炸危险环境内采用的低压电缆和绝缘导线，其额定电压必须高于线路的工作电压，且不得低于 500 V，绝缘导线必须敷设于钢管内。电气工作中性线绝缘层的额定电压，必须与相线电压相同，并必须在同一护套或钢管内敷设。

（2）在 1 区内应采用铜芯电缆；除本质安全电路外，在 2 区内宜采用铜芯电缆，当采用铝芯电缆时，其截面积不得小于 16 mm² ，且与电气设备的连接应采用铜-铝过渡接头。敷设在爆炸性粉尘环境 20 区、21 区以及在 22 区内有剧烈振动区域的回路，均应采用铜芯绝缘导线或电缆。

（3）在 1 区内电缆线路严禁有中间接头，在 2 区、20 区、21 区内不应有中间接头。

（4）在爆炸性环境内，对于绝缘导线和电缆来说，导体允许载流量不应小于熔断器熔体额定电流的 1.25 倍及断路器长延时过电流脱扣器整定电流的 1.25 倍。

（5）爆炸危险环境除本质安全电路外，采用的电缆或绝缘导线的型号规格及芯线最小截面积应符合规范规定。爆炸性环境电缆配线的技术要求见表 3-58。

表 3-58 爆炸性环境电缆配线的技术要求

爆炸危险区域	铜芯电缆明设或在沟内敷设时的最小截面积/mm²			移动电缆	对应规范条目
	电力	照明	控制		
1 区、20 区、21 区	2.5	2.5	1.0	重型	《爆炸规范》5.4.1
2 区、22 区	1.5	1.5	1.0	中型	

2. 查验电气线路的敷设方式

（1）当爆炸环境中可燃物质比空气重时，电气线路宜在较高处敷设或直接埋地；架空敷设时宜采用电缆桥架；电缆沟敷设时沟内应充砂，并宜设置排水措施。

（2）电气线路宜在有爆炸危险的建筑物、构筑物的墙外敷设。在爆炸粉尘环境，电缆应沿粉尘不宜堆积并且易于粉尘清除的位置敷设。

（3）架空线路严禁跨越爆炸性危险环境，架空线路与爆炸性危险环境的水平距离不应小于杆塔高度的 1.5 倍。

（4）电缆线路在爆炸危险环境内，必须在相应的防爆接线盒或分线盒内连接或分路。

3. 查验保护接地设置

（1）在爆炸危险环境的电气设备的金属外壳、金属构架、安装在已接地的金属结构上的设备、金属配线管及其配件、电缆保护管、电缆的金属护套等非带电的裸露金属部分，均应接地。

（2）在爆炸性环境 1 区、20 区、21 区内所有的电气设备，以及爆炸性环境 2 区、22 区内除照明灯具以外的其他电气设备，应增加专用的接地线；该专用接地线若与相线敷设在同一保护管内时，应具有与相线相同的绝缘水平。

（3）在爆炸性环境 2 区、22 区的照明灯具及爆炸性环境 21 区、22 区内的所有电气设备，可利用有可靠电气连接的金属管线系统作为接地线，但不得利用输送爆炸危险物质的管道。

（4）在爆炸危险环境中接地干线宜在不同方向与接地体相连，连接处不得少于两处。

4. 查验防爆电气设备和爆炸环境的适用性

（1）防爆电气设备的级别和组别不应低于该爆炸性气体环境内爆炸性气体混合物的级别和组别。安装在爆炸粉尘环境中的电气设备应采取措施防止热表面点可燃性粉尘层引起的火灾危险。电气设备结构应满足电气设备在规定的运行条件下不降低防爆性能的要求。

（2）当存在有两种以上可燃性物质形成的爆炸性混合物时，应按照混合后的爆炸性混合物的级别和组别选用防爆设备，无据可查又不可能进行试验时，可按危险程度较高的级别和组别选用防爆电气设备。对于标有适用于特定的气体、蒸气的环境的防爆设备，没有经过鉴定，不得使用于其他的气体环境内。

（二）难点剖析

在爆炸性环境中，需要根据爆炸危险区域的分区、可燃性物质和可燃性粉尘的分级、可燃性物质的引燃温度、可燃性粉尘云、可燃性粉尘层的最低引燃温度等多个因素选择电气设备。因此，查验人员需要熟记气体粉尘分级与电气设备的对应关系、电气设备温度组别与气体的引燃温度等因素的对应关系。其中涉及的知识点和内容比较多，是电气防爆验收的一个难点。

在查验过程中，需要根据环境中可能出现的爆炸危险介质、危险区域等因素，查验各类型电气设备的类型、级别、组别和防爆标志，确定其满足环境要求。

爆炸性环境内电气设备保护级别的选择应与危险区域相对应，见表3-59。

表3-59　爆炸性环境内电气设备保护级别的选择

危险区域	设备保护级别（EPL）	对应规范条目
0 区	Ga	《爆炸规范》5.2.2
1 区	Ga 或 Gb	
2 区	Ga、Gb 或 Gc	
20 区	Da	
21 区	Da 或 Db	
22 区	Da、Db 或 Dc	

电气设备保护级别与电气设备防爆结构的关系见表3-60（详见《爆炸规范》5.2.2）。

表 3-60　电气设备保护级别与电气设备防爆结构的关系

设备保护级别（EPL）	电气设备防爆结构	防爆形式
Ga	本质安全型	"ia"
	浇封型	"ma"
	由两种独立的防爆类型组成的设备，每一种类型达到保护级别"Gb"的要求	—
	光辐射式设备和传输系统的保护	"op is"
Gb	隔爆型	"d"
	增安型	"e"
	本质安全型	"ib"
	浇封型	"mb"
	油浸型	"o"
	正压型	"px" "py"
	充砂型	"q"
	本质安全现场总线概念（FISCO）	—
	光辐射式设备和传输系统的保护	"op pr"
Gc	本质安全型	"ic"
	浇封型	"mc"
	无火花	"n" "nA"
	限制呼吸	"nR"
	限能	"nL"
	火花保护	"nC"
	正压型	"pz"
	非可燃现场总线概念（FNICO）	—
	光辐射式设备和传输系统的保护	"op sh"
Da	本质安全型	"iD"
	浇封型	"mD"
	外壳保护型	"tD"
Db	本质安全型	"iD"
	浇封型	"mD"
	外壳保护型	"tD"
	正压型	"pD"

表3-60（续）

设备保护级别（EPL）	电气设备防爆结构	防爆形式
Dc	本质安全型	"iD"
	浇封型	"mD"
	外壳保护型	"tD"
	正压型	"pD"

气体、蒸气或粉尘分级与电气设备类别的关系见表3-61。

表3-61　气体、蒸气或粉尘分级与电气设备类别的关系

气体、蒸气或粉尘分级	设备类别	对应规范条目
ⅡA	ⅡA、ⅡB或ⅡC	《爆炸规范》5.2.3
ⅡB	ⅡB或ⅡC	
ⅡC	ⅡC	
ⅢA	ⅢA、ⅢB或ⅢC	
ⅢB	ⅢB或ⅢC	
ⅢC	ⅢC	

Ⅱ类电气设备的温度组别、最高表面温度和气体、蒸气引燃温度之间的关系见表3-62。

表3-62　Ⅱ类电气设备的温度组别、最高表面温度和气体、蒸气引燃温度之间的关系

电气设备温度组别	电气设备允许最高表面温度/℃	气体、蒸气的引燃温度/℃	适用的设备温度级别	对应规范条目
T1	450	>450	T1~T6	《爆炸规范》5.2.3
T2	300	>300	T2~T6	
T3	200	>200	T3~T6	
T4	135	>135	T4~T6	
T5	100	>100	T5~T6	
T6	85	>85	T6	

第十一节　消防应急照明和疏散指示系统

消防应急照明和疏散指示系统的验收应依据《消防应急照明和疏散指示系统技术标准》（GB 51309—2018），该标准简称为《应急》。

一、系统分类与原理

（一）自带电源非集中控制型系统

自带电源非集中控制型系统在正常工作状态时，市电通过应急照明配电箱为灯具供电，用于正常工作和蓄电池充电。

发生火灾时，相关防火分区内的应急照明配电箱动作，切断消防应急灯具的市电供电线路，灯具的工作电源由灯具内部自带的蓄电池提供，灯具进入应急状态，为人员疏散和消防作业提供应急照明和疏散指示。

（二）自带电源集中控制型系统

自带电源集中控制型系统在正常工作状态时，市电通过应急照明配电箱为灯具供电，用于正常工作和蓄电池充电。应急照明控制器通过实时检测消防应急灯具的工作状态，实现灯具的集中监测和管理。

发生火灾时，应急照明控制器接收到消防联动信号后，下发控制命令至消防应急灯具，控制应急照明配电箱和消防应急灯具转入应急状态，为人员疏散和消防作业提供照明和疏散指示。

（三）集中电源非集中控制型系统

集中电源非集中控制型系统在正常工作状态时，市电接入应急照明集中电源，用于正常工作和电池充电，通过各防火分区设置的应急照明分配电装置将应急照明集中电源的输出提供给消防应急灯具。

发生火灾时，应急照明集中电源的供电电源由市电切换至电池，集中电源进入应急工作状态，通过应急照明分配电装置供电的消防应急灯具也进入应急工作状态，为人员疏散和消防作业提供照明和疏散指示。

（四）集中电源集中控制型系统

集中电源集中控制型系统在正常工作状态时，市电接入应急照明集中电源，用于正常工作和电池充电，通过各防火分区设置的应急照明分配电装置将应急照明集中电源的输出提供给消防应急灯具。应急照明控制器通过实时检测应急照明集中电源、应急照明分配电装置和消防应急灯具的工作状态，实现系统的集中监测和管理。

发生火灾时，应急照明控制器接收到消防联动信号后，下发控制命令至应急照明集中电源、应急照明分配电装置和消防应急灯具，控制系统转入应急状态，为人员疏散和消防作业提供照明和疏散指示。

二、验收单位（《应急》6.0.1）

系统竣工后，建设单位应负责组织施工、设计、监理等单位进行系统验收，验收不合格不得投入使用。

三、验收对象、项目及数量（《应急》6.0.2、6.0.3）

系统的检测、验收应按表3-63（《应急》表6.0.2）所列的检测和验收对象、项目及数量，按《应急》第4章、第5章的规定和附录E中规定的检查内容和方法进行，并按《应急》附录E的规定填写记录。

主要包括以下内容：

（1）竣工验收申请报告、设计变更通知书、竣工图。

（2）工程质量事故处理报告。

（3）施工现场质量管理检查记录。

（4）系统安装过程质量检查记录。

（5）系统部件的现场设置情况记录。

（6）系统控制逻辑编程记录。

（7）系统调试记录。

（8）系统部件的检验报告、合格证明材料。

表3-63 系统工程技术检测、验收对象，项目及检测、验收数量

序号	检测、验收对象		检测、验收项目	检测数量	验收数量
1	文件资料		齐全性、符合性	全数	全数
2	系统线路设计	Ⅰ 集中控制型	符合性	全数	全数
		Ⅱ 非集中控制型			
3	系统线路设计	Ⅰ 灯具配电线路设计	符合性	全部防火分区、楼层、隧道区间、地铁站台和站厅	建、构筑物中含有5个及以下防火分区、楼层、隧道区间、地铁站台和站厅的，应全部检验；超过5个防火分区、楼层、隧道区间、地铁站台和站厅的应按实区域数量20%的比例抽验，但抽验总数不应小于5个
		☆Ⅱ 集中控制型系统的通信线路设计			
4	布线		（1）线路的防护方式。（2）槽盒、管路安装质量。（3）系统线路选型。（4）电线电缆敷设质量		
5	灯具	Ⅰ 照明灯	（1）设备选型。（2）消防产品准入制度。（3）设备设置。（4）安装质量	实际安装数量	与抽查防火分区、楼层、隧道区间、地铁站台和站厅相关的设备数量
		Ⅱ 标志灯			

表 3-63（续）

序号	检测、验收对象		检测、验收项目	检测数量	验收数量
6	供配电设备	☆集中电源	（1）设备选型。 （2）消防产品准入制度。 （3）设备设置。 （4）设备供配电。 （5）安装质量。 （6）基本功能	实际安装数量	与抽查防火分区、楼层、隧道区间、地铁站台和站厅相关的设备数量
		☆应急照明配电箱			
7	集中控制型系统	I 应急照明控制器	（1）应急照明控制器设计。 （2）设备选型。 （3）消防产品准入制度。 （4）设备设置。 （5）设备供电。 （6）安装质量。 （7）基本功能	实际安装数量	与抽查防火分区、楼层、隧道区间、地铁站台和站厅相关的设备数量
8	非集中控制型系统	☆未设置火灾自动报警系统的场所	（1）非火灾状态下的系统功能： ①系统正常工作模式。 ②灯具的感应点亮功能。 （2）火灾状态下的系统手动应急启动功能： ①照明灯设置部位地面的最低水平照度。 ②系统在蓄电池电源供电状态下的应急工作时间	全部防火分区、楼层、隧道区间、地铁站台和站厅	建、构筑物中含有 5 个及以下防火分区、楼层、隧道区间、站台和站厅的应全部检验；超过 5 个防火分区、楼层、隧道区间、地铁站台和站厅的应按实际区域数量 20% 的比例抽验，但抽验总数不应小于 5 个
		☆设置区域火灾自动报警系统的场所	（1）非火灾状态下的系统功能： ①系统正常工作模式。 ②灯具的感应点亮功能。 （2）火灾状态下的系统应急启动功能： ①系统自动应急启动功能。 ②系统手动应急启动功能： a）照明灯设置部位地面的最低水平照度。 b）系统在蓄电池电源供电状态下的应急工作时间		

203

表3-63（续）

序号	检测、验收对象	检测、验收项目	检测数量	验收数量
9	系统备用照明	系统功能	全数	全数

注：1. 表中的抽检数量均为最低要求。

2. 每一项功能检验次数均为1次。

3. 带有"☆"标的项目内容为可选项，系统设置不涉及此项目时，检测、验收不包括此项目。

四、系统组件检测内容

（一）消防应急标志灯具检测

（1）标志灯具的颜色、标志信息应符合《应急》的要求，指示方向应与设计方向一致。

（2）使用的电池应与国家有关市场准入度中的有效证明文件相符。

（3）状态指示灯指示应正常。

（4）连续3次操作试验机构，观察标志灯具自动应急转换情况。

（5）应急工作时间应不小于其本身标称的应急工作时间。

（二）消防应急照明灯具检测

（1）照明灯具的光源及隔热情况应符合要求。

（2）使用的电池应与有效证明文件相符。

（3）状态指示灯应正常。

（4）连续3次按试验按钮，标志灯具应能完成自动转换。

（5）应急工作时间应不小于其本身标称的应急工作时间。

（6）安装区域的最低照度值应符合设计要求。

（7）光源与电源分开设置的照明灯具安装时，灯具安装位置应有清晰可见的消防应急灯具标识，电源的试验按钮和状态指示灯应可方便操作和观察。

（三）应急照明集中电源检测

（1）检查安装场所应符合要求。

（2）供电应符合设计要求。

（3）应急工作时间应不小于其本身标称的应急工作时间。

（4）输出线路、分配电装置、输出电源负载应与设计相符，且不应连接与应急照明和疏散指示无关的负载或插座。

（5）应急照明集中电源应设模拟主电源供电故障的自复式试验按钮（或开关），不应设影响应急功能的开关。

（6）应急照明集中电源应显示主电电压、电池电压、输出电压和输出电流，并应设主电、充电、故障和应急状态指示灯，主电状态用绿色，故障状态用黄色，充电状态和应急状态用红色。

（7）应急照明集中电源应能以手动、自动两种方式转入应急状态，且应设只有专业人员可操作的强制应急启动按钮。

（8）应急照明集中电源每个输出支路均应单独保护，且任一支路故障不应影响其他支路的正常工作。

（四）应急照明控制器检测

（1）应急照明控制器应安装在消防控制室或值班室内。

（2）应急照明控制器应能防止非专业人员操作。

（3）应急照明控制器应有主、备用电源的工作状态指示，并能实现主、备用电源的自动转换，且备用电源应能保证应急照明控制器正常工作 3 h。

（4）应急照明控制器应能对本机及面板上的所有指示灯、显示器、音响器件进行功能检查。

（5）应急照明控制器应能以手动、自动两种方式使与其相连的所有消防应急灯具转入应急状态，且应设强制使所有消防应急灯具转入应急状态的按钮。

（6）应急照明控制器应能控制并显示与其相连的所有消防应急灯具的工作状并显示应急启动时间。

（7）应急照明控制器在与其相连的消防应急灯具之间的连接线开路、短路（短路时消防应急灯具转入应急状态除外）时，应发出声光故障信号，并指示故障部位。声故障信号应能手动消除，当有新的故障信号时，声故障信号应能再启动。光故障信号在故障排除前应保持。

（8）当应急照明控制器控制应急照明集中电源时，应急照明控制器应能控制并显示应急照明集中电源的工作状态（主电、充电、故障状态，电池电压、输出电压和输出电流），且在与应急照明集中电源之间连接线开路或短路时，发出声光故障信号。

（9）当某一支路的消防应急灯具与应急照明控制器连接线开路、短路或接地时，不应影响其他支路的消防应急灯具和应急电源的工作。

五、系统检测、验收的项目分类（《应急》6.0.4）

根据各项目对系统工程质量影响严重程度的不同，将检测、验收的项目划分为 A、B、C 三个类别。

（一）A 类项目

A 类项目应符合下列规定：

（1）系统中的应急照明控制器、集中电源、应急照明配电箱和灯具的选型与设计文件的符合性。

（2）系统中的应急照明控制器、集中电源、应急照明配电箱和灯具消防产品准入制度的符合性。

（3）应急照明控制器的应急启动、标志灯指示状态改变控制功能。

（4）集中电源、应急照明配电箱的应急启动功能。

（5）集中电源、应急照明配电箱的联锁控制功能。

（6）灯具应急状态的保持功能。

（7）集中电源、应急照明配电箱的电源分配输出功能。

（二）B 类项目

B 类项目应符合下列规定：

（1）《应急》6.0.3 规定资料的齐全性、符合性。

（2）系统在蓄电池电源供电状态下的持续应急工作时间。

（三）C 类项目

其余项目应为 C 类项目。

六、系统检测、验收结果判定准则（《应急》6.0.5、6.0.6）

（1）系统检测、验收结果判定准则应符合下列规定：

① A 类项目不合格数量应为 0，B 类项目不合格数量应小于或等于 2，B 类项目不合格数量加上 C 类项目不合格数量应小于或等于检查项目数量的 5% 的，系统检测、验收结果应为合格。

② 不符合合格判定准则的，系统检测、验收结果应为不合格。

（2）复验：各项检测、验收项目中，当有不合格时，应修复或更换，并进行复验。复验时，对有抽验比例要求的，应加倍检验。

第十二节　建筑灭火器

建筑灭火器验收内容如图 3-17 所示。

一、重点内容

建筑灭火器验收应依据：

（1）《设计》。

（2）《建筑灭火器配置验收及检查规范》（GB 50444—2008），该标准简称为

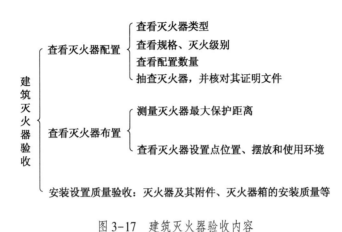

图 3-17　建筑灭火器验收内容

《验收》。

（一）建筑灭火器配置与布置

建筑灭火器配置、布置的验收要点见表 3-64。

表 3-64　建筑灭火器配置、布置的验收要点

子项	内　容　和　方　法	对应规范条目
配置	查看灭火器类型： （1）在同一灭火器配置场所，宜选用相同类型和操作方法的灭火器。 （2）当同一灭火器配置场所存在不同火灾种类时，应选用通用型灭火器。 （3）在同一灭火器配置场所，当选用两种或两种以上类型灭火器时，应采用灭火剂相容的灭火器	《设计》4.2.1～4.2.6
	查看规格、灭火级别： （1）不同危险等级场所灭火器的配置不同。 （2）民用建筑、工业建筑的危险等级都分为三级：严重危险级、中危险级、轻危险级。 （3）严重危险级配置 3A 灭火器，中危险级配置 2A 灭火器，轻危险级配置 1A 灭火器	配置类型、规格和灭火级别基本参数举例见《设计》附录 A。 工业、民用建筑灭火器配置场所的危险等级见《设计》附录 C、附录 D

表 3-64（续）

子项	内 容 和 方 法	对应规范条目
配置	查看配置数量： （1）一个计算单元内配置的灭火器数量不得少于 2 具，每个设置点的灭火器的数量不宜多于 5 具。 当住宅楼每层分公共建筑面积大于 100m² 时，应配置 1 具 1A 手提灭火器；每增加 100m²，增配 1 具 1A 手提灭火器。 （2）计算单元的最小需配灭火级别应按下式计算：$Q=KS/U$。 （3）计算单元中每个灭火器设置点的最小需配灭火级别应按下式计算：$Q_e=Q/N$	《设计》7.3
	抽查灭火器，并核对其证明文件	《验收》2.1、2.2
布置	测量灭火器最大保护距离： （1）设置在 A 类火灾场所的灭火器：手提式灭火器，严重危险级 15 m，中危险级 20 m，轻危险级 25 m，推车式灭火器是手提式灭火器的 2 倍。 （2）设置在 B、C 类火灾场所的灭火器：手提式灭火器，严重危险级 9 m，中危险级 12 m，轻危险级 15 m，推车式灭火器是手提式灭火器的 2 倍	《设计》5.2
	查看灭火器设置点位置、摆放和使用环境： （1）灭火器应设置在位置明显和便于取用的地点，且不得影响安全疏散。 （2）灭火器不得设置在超出其使用温度范围的地点。 （3）灭火器的摆放应稳固，其铭牌应朝外。手提式灭火器宜设置在灭火器箱内或挂钩、托架上，其顶部离地面高度不应大于 1.50 m；底部离地面高度不宜小于 0.08 m。灭火器箱不得上锁	《设计》5.1.1～5.1.5

（二）安装设置质量验收

灭火器安装设置验收是针对灭火器及其附件、灭火器箱的安装质量实施的验收。

1. 验收检查的内容

灭火器安装设置质量验收检查主要包括以下内容：

（1）抽查灭火器及其附件、灭火器箱外观标志和外观质量。

（2）抽查灭火器及其附件、灭火器箱安装质量。

2. 验收检查方法

采用目测观察的方法检查灭火器及其附件、灭火器箱的外观标志、外观质量、结构，采用直尺、卷尺、测力计等通用量具测量相关安装尺寸、承重能力等。

3. 合格判定标准

1）灭火器及其附件、灭火器箱外观标志和外观质量

灭火器及其附件、灭火器箱外观标志和外观质量验收符合下列要求的，判定为合格。

（1）灭火器箱外观标志和外观质量检查符合《验收》2.2.2 的各项要求。

（2）灭火器外观标志和外观质量检查符合《验收》2.2.1 的各项要求。

2）灭火器及其附件、灭火器箱安装质量

灭火器及其附件、灭火器箱安装质量验收应该符合表 3-64 中灭火器安装设置的各条、款要求。灭火器安装设置验收报告见表 3-65（《验收》附录 B）。

表 3-65　建筑灭火器配置缺陷项分类及验收报告

工程名称			工程地址	
建设单位			设计单位	
监理单位			施工单位	
序号	验收检查项目及要求	缺陷项级别	检查记录	检查结论
1	灭火器的类型、规格、灭火级别和配置数量建筑灭火器配置要求	严重（A）		
2	灭火器的产品质量符合国家有关产品标准的要求	严重（A）		
3	同一灭火器配置单元内的不同类型灭火器，其灭火剂能相容	严重（A）		
4	灭火器的保护距离符合规定，保证配置场所的任一点都在灭火器设置点的保护范围内	严重（A）		
5	灭火器设置点附近无障碍物，取用灭火器方便，且不影响人员安全疏散	重（B）		
6	手提式灭火器设置在灭火器箱内或者挂钩、托架上，以及直接摆放在干燥、洁净的地面上	重（B）		
7	灭火器（箱）不得被遮挡、拴系或者上锁	重（B）		
8	灭火器箱箱门开启方便灵活，开启不阻挡人员安全疏散；开门型灭火器箱箱门开启角度不小于 175°，翻盖型灭火器箱的翻盖开启角度应不小于 100°（不影响取用和疏散的场合除外）	轻（C）		

表 3-65 （续）

序号	验收检查项目及要求	缺陷项级别	检查记录	检查结论
9	挂钩、托架安装后能承受一定的静载荷，无松动、脱落、断裂和明显变形。以 5 倍的手提式灭火器的载荷（不小于 45 kg）悬挂于挂钩、托架上，作用 5 min，观察检查	重（B）		
10	挂钩、托架安装，保证可用徒手方式便捷地取用手提式灭火器。2 具及 2 具以上的手提式灭火器相邻设置在挂钩、托架上时，保证可任意地取用其中 1 具	重（B）		
11	设有夹持带的挂钩、托架，夹持带的开启方式从正面可以看到。夹持带打开时，手提式灭火器不掉落	轻（C）		
12	嵌墙式灭火器箱及灭火器挂钩、托架安装高度，满足手提式灭火器顶部距离地面不大于 1.50 m，底部距离地面不小于 0.08 m 的要求，其设置点与设计点的垂直偏差不大于 0.01 m	轻（C）		
13	推车式灭火器设置在平坦场地，不得设置在台阶上。在没有外力作用下，推车式灭火器不得自行滑动	轻（C）		
14	推车式灭火器的设置和防止自行滑动的固定措施等不得影响其操作使用和正常行驶移动	轻（C）		
15	有视线障碍的灭火器配置点，在其醒目部位设置指示灭火器位置的发光标志	重（B）		
16	在灭火器箱的箱体正面和灭火器设置点附近的墙面上，应设置指示灭火器位置的标志，这些标志宜选用发光标志	轻（C）		
17	灭火器摆放稳固。灭火器的铭牌朝外，灭火器的器头宜向上	重（B）		
18	灭火器配置点设置在通风、干燥、洁净的地方，环境温度不得超出灭火器使用温度范围。设置在室外和特殊场所的灭火器采取相应的保护措施	重（B）		
综合结论				
验收单位	施工单位签章： 日期：		监理单位签章： 日期：	
	设计单位签章： 日期：		建设单位签章： 日期：	

二、检查

全面检查灭火器配置及外观，其检查内容详见表3-66（详见《验收》附录C）。

表3-66　建筑灭火器检查内容和要求

检查内容		检查要求
配置检查	灭火器配置方式及其附件性能	配置方式符合要求。手提式灭火器的挂钩、托架能够承受规定静载荷，无松动、脱落、断裂和明显变形；灭火器箱未上锁，箱内干燥、清洁；推车式灭火器未出现自行滑动
	灭火器基本配置要求	灭火器类型、规格、灭火级别和数量符合配置要求；灭火器的铭牌朝外，器头向上
	灭火器配置场所	配置场所的使用性质（可燃物种类、物态等）未发生变化；发生变化的，其灭火器进行了相应调整；特殊场所及室外配置的灭火器，设有防雨、防晒、防潮、防腐蚀等相应防护措施，且完好有效
	灭火器配置点环境状况	配置点周围无障碍物、遮挡、拴系等影响灭火器使用的状况
	灭火器维修与报废	符合规定维修条件、期限的已送修，维修标志符合规定；符合报废条件、报废期限的，已采用符合规定的灭火器等效替代
外观检查	铭牌标志	灭火器铭牌清晰明了，无残缺；其灭火剂、驱动气体的种类、充装压力、总质量、灭火级别、制造厂名和生产日期或维修日期等标志及操作说明齐全、清晰
	保险装置	保险装置的铅封、销闩等完好有效、未遗失
	灭火器筒体外观	灭火器的筒体无明显的损伤（磕伤、划伤）、缺陷、锈蚀（特别是筒底和焊缝）、泄漏
	喷射软管	灭火器喷射软管完好，无明显龟裂，喷嘴不堵塞
	压力指示装置	灭火器压力指示器与灭火器类型匹配，指针指向绿区范围内；二氧化碳灭火器和储气瓶式灭火器称重符合要求
	其他零部件	其他零部件齐全，无松动、脱落或者损伤
	使用状态	未开启、未喷射使用

三、建筑灭火器配置验收的判定条件

灭火器配置验收的判定规则应符合下列要求：

（1）缺陷项目应按《验收》附录 B 的规定划分为严重缺陷项（A）、重缺陷项（B）和轻缺陷项（C）。

（2）合格判定条件应为 A＝0，且 B≤1，且 B+C≤4，否则为不合格。

四、难点剖析

（一）划分计算单元

划分计算单元时要注意对于同层或同一个防火分区，如果有不同的火灾类型或不同火灾危险等级时应划分为不同的计算单元。《设计》中列出了不同火灾危险等级的建筑举例，但并不意味着计算时按照整栋建筑建筑面积计算，还是应该划分计算单元分别计算后再相加。

（二）灭火级别的概念

灭火级别是衡量灭火器灭火能力的一个基本单位，如果灭 A 类火，就用 A 标示，如果灭 B 类火，就用 B 来标示。通俗一点可以理解成灭火剂灭火的一个基本质量单位，也就是说"数字+A"可以对应不同类别灭火器的质量。例如：灭火级别为 2A，则可以对应 9 L 的 MS/Q9 清水灭火器、3 kg 的 MF/ABC3 干粉灭火器、4 kg 的 MF/ABC4 干粉灭火器；灭火级别为 55B，则可对应 MF4 干粉灭火器、MF/ABC4 干粉灭火器或 MT7 二氧化碳灭火器等。具体可参照《设计》附录 A。

（三）计算单元的最小需配灭火级别的计算

在确定了计算单元的保护面积后，应计算该单元应配置的灭火器的最小灭火级别：

$$Q = K \frac{S}{U} \tag{3-1}$$

式中　Q——计算单元的最小需配灭火级别（A 或 B）；

　　　S——计算单元的保护面积，m^2；

　　　U——A 类或 B 类火灾场所单位灭火级别最大保护面积，m^2/A 或 m^2/B；

　　　K——修正系数。

火灾场所单位灭火级别的最大保护面积依据火灾危险等级、火灾种类从表3-67 或表3-68 中选取。

表 3-67　A 类火灾场所灭火器的最低配置基准

危险等级	单具灭火器最小配置灭火级别	单位灭火级别最大保护面积/（m^2/A）
严重危险级	3A	50
中危险级	2A	75

表 3-67（续）

危险等级	单具灭火器最小配置灭火级别	单位灭火级别最大保护面积/（m²/A）
轻危险级	1A	100

表 3-68　B 类火灾场所灭火器的最低配置基准

危险等级	单具灭火器最小配置灭火级别	单位灭火级别最大保护面积/（m²/B）
严重危险级	89B	0.5
中危险级	55B	1.0
轻危险级	21B	1.5

修正系数 K 值按表 3-69 的规定取值。

表 3-69　修 正 系 数 K 值

计 算 单 元	K 值
未设室内消火栓系统和灭火系统	1.0
设有室内消火栓系统	0.9
设有灭火系统	0.7
设有室内消火栓系统和灭火系统	0.5
可燃物露天堆场甲、乙、丙类液体储罐区可燃气体储罐区	0.3

注意：

（1）歌舞娱乐放映游艺场所、网吧、商场、寺庙以及地下场所等的计算单元的最小需配灭火级别应在式（3-1）计算结果的基础上增加 30%。

（2）上述这些场所如果安装有各类自动灭火系统，K 值仍然按照表 3-69 选取。

（四）计算单元中每个灭火器设置点的最小需配灭火级别计算

计算单元中每个灭火器设置点的最小需配灭火级别按下式进行计算：

$$Q_e = \frac{Q}{N} \tag{3-2}$$

式中　Q_e——计算单元中每个灭火器设置点的最小需配灭火级别（A 或 B）；

N——计算单元中的灭火器设置点数。

注意：

（1）在计算完单具灭火器最小需配灭火级别后，注意不要将灭火级别和灭火剂质量混淆。

（2）灭火级别对应的数字不是灭火器型号中的数字。

（五）灭火器设置点的确定

每个灭火器设置点实配灭火器的灭火级别和数量不得小于最小需配灭火级别和数量的计算值。计算单元中的灭火器设置点数依据火灾的危险等级、灭火器类型（手提式或推车式）按不大于表3-70或表3-71规定的最大保护距离合理设置，并应保证最不利点至少在1具灭火器的保护范围内。

表3-70　A类火灾场所的灭火器最大保护距离　　　　　　　　　　　m

危险等级	灭火器类型	
	手提式灭火器	推车式灭火器
严重危险级	15	30
中危险级	20	40
轻危险级	25	50

表3-71　B、C类火灾场所的灭火器最大保护距离　　　　　　　　　m

危险等级	灭火器类型	
	手提式灭火器	推车式灭火器
严重危险级	9	18
中危险级	12	24
轻危险级	15	30

注意：

（1）D类火灾场所的灭火器，其最大保护距离应根据具体情况研究确定。

（2）E类火灾场所的灭火器，其最大保护距离不应低于该场所内A类或B类火灾的规定。

如果计算单元中配置有室内消火栓系统，由于消火栓的设置距离与灭火器设置点的距离要求基本相近，在不影响灭火器保护效果的前提下，将灭火器设置点与室内消火栓设置合二为一是一个很好的选择。

但当没有消火栓，或者消火栓设置数量或者位置不合理时，需要按照《设计》表5.2.1、表5.2.2自行确定灭火器设置点。

注意：保护距离为行走距离而不是直线距离。

（六）灭火器适用范围说明

1. A类火灾场所

A类火灾场所应选择水型灭火器、磷酸铵盐干粉灭火器、泡沫灭火器或卤代烷灭火器。

2. B 类火灾场所

B 类火灾场所应选择泡沫灭火器、碳酸氢钠干粉灭火器、磷酸铵盐干粉灭火器、二氧化碳灭火器、灭 B 类火灾的水型灭火器或卤代烷灭火器。

极性溶剂的 B 类火灾场所应选择灭 B 类火灾的抗溶性灭火器。

3. C 类火灾场所

C 类火灾场所应选择磷酸铵盐干粉灭火器、碳酸氢钠干粉灭火器、二氧化碳灭火器或卤代烷灭火器。

4. D 类火灾场所

D 类火灾场所应选择扑灭金属火灾的专用灭火器。

5. E 类火灾场所

E 类火灾场所应选择磷酸铵盐干粉灭火器、碳酸氢钠干粉灭火器、卤代烷灭火器或二氧化碳灭火器，但不得选用装有金属喇叭喷筒的二氧化碳灭火器。

6. 非必要场所

非必要场所不应配置卤代烷灭火器。非必要场所的举例见《设计》附录 F。必要场所可配置卤代烷灭火器。

《设计》4.2.6："非必要场所不应配置卤代烷灭火器。非必要场所的举例见本规范附录 F。必要场所可配置卤代烷灭火器。"由于 2010 年全面禁止卤代烷的生产，卤代烷灭火器已经被淘汰，所以此条不再适用现有建筑。

第四章　其他建筑场所防火工程验收

其他建筑和场所是指使用功能和建筑条件特殊，多数不能用《建规》进行消防设计的建筑和场所。

这些场所多数有自己的专业设计规范，如《飞机库设计防火规范》（GB 50284—2008）、《汽车库、修车库、停车场设计防火规范》（GB 50067—2014）、《人民防空工程设计防火规范》（GB 50098—2009）、《洁净厂房设计规范》（GB 50073—2013）等。

建筑工程消防验收也主要以上述规范为依据。

第一节　甲、乙、丙类液体、气体储罐（区）

甲、乙、丙类液体、气体储罐（区）消防验收应依据《建规》。

一、总平面布局验收

（1）甲、乙、丙类液体储罐，液化石油气储罐，可燃、助燃气体储罐和可燃材料堆垛，与架空电力线的最近水平距离应符合表 3-53 的规定（《建规》10.2.1）。

（2）甲、乙、丙类液体储罐（区）和乙、丙类液体桶装堆场与其他建筑的防火间距，不应小于表 4-1 的规定（《建规》4.2.1）。

表4-1　甲、乙、丙类液体储罐（区）和乙、丙类液体桶装堆场与其他建筑的防火间距

类别	一个罐区或堆场的总容量 V/m^3	建筑物				室外变、配电站
		一、二级		三级	四级	
		高层民用建筑	裙房，其他建筑			
甲、乙类液体储罐（区）	$1 \leqslant V < 50$	40 m	12 m	15 m	20 m	30 m
	$50 \leqslant V < 200$	50 m	15 m	20 m	25 m	35 m
	$200 \leqslant V < 1000$	60 m	20 m	25 m	30 m	40 m
	$1000 \leqslant V < 5000$	70 m	25 m	30 m	40 m	50 m

表4-1（续）

类别	一个罐区或堆场的总容量 V/m³	建筑物				室外变、配电站
		一、二级		三级	四级	
		高层民用建筑	裙房，其他建筑			
丙类液体储罐（区）	5≤V<250	40 m	12 m	15 m	20 m	24 m
	250≤V<1000	50 m	15 m	20 m	25 m	28 m
	1000≤V<5000	60 m	20 m	25 m	30 m	32 m
	5000≤V<25000	70 m	25 m	30 m	40 m	40 m

注：1. 当甲、乙类液体储罐和丙类液体储罐布置在同一储罐区时，罐区的总容量可按 1 m³ 甲、乙类液体相当于 5 m³ 丙类液体折算。

2. 甲、乙、丙类液体的固定顶储罐区或半露天堆场，乙、丙类液体桶装堆场与甲类厂房（仓库）、民用建筑的防火间距，应按本表的规定增加 25%，且甲、乙类液体的固定顶储罐区或半露天堆场，乙、丙类液体桶装堆场与甲类厂房（仓库），裙房，单、多层民用建筑的防火间距不应小于 25 m，与明火或散发火花地点的防火间距应按本表有关四级耐火等级建筑物的规定增加 25%。

3. 浮顶储罐区或闪点大于 120 ℃的液体储罐区与其他建筑的防火间距，可按本表的规定减少 25%。

4. 当数个储罐区布置在同一库区内时，储罐区之间的防火间距不应小于本表相应容量的储罐区与四级耐火等级建筑物防火间距的较大值。

5. 直埋地下的甲、乙、丙类液体卧式罐，当单罐容量不大于 50 m³，总容量不大于 200 m³ 时，与建筑物的防火间距可按本表规定减少 50%。

（3）甲、乙、丙类液体储罐之间的防火间距不应小于表 4-2（《建规》4.2.2）的规定。

表4-2　甲、乙、丙类液体储罐之间的防火间距

类　别			固定顶储罐			浮顶储罐或设置充氮保护设备的储罐	卧式储罐
			地上式	半地下式	地下式		
甲、乙类液体储罐	单罐容量 V/m³	V≤1000	0.75D	0.5D	0.4D	0.4D	≥0.8 m
		V>1000	0.6D				
丙类液体储罐			不限	0.4D	不限	不限	—

注：1. D 为相邻较大立式储罐的直径（单位为 m），矩形储罐的直径为长边与短边之和的一半。

2. 不同液体、不同形式储罐之间的防火间距不应小于本表规定的较大值。

3. 两排卧式储罐之间的防火间距不应小于 3 m。

4. 当单罐容量不大于 1000 m³ 且采用固定冷却系统时，甲、乙类液体的地上式固定顶储罐之间的防火间距不应小于 0.6D。

5. 地上式储罐同时设置液下喷射泡沫灭火系统、固定冷却水系统和扑救防火堤内液体火灾的泡沫灭火设施时，储罐之间的防火间距可适当减小，但不宜小于 0.4D。

6. 闪点大于 120 ℃的液体，当单罐容量大于 1000 m³ 时，储罐之间的防火间距不应小于 5 m；当单罐容量不大于 1000 m³ 时，储罐之间的防火间距不应小于 2 m。

（4）甲、乙、丙类液体储罐成组布置时，应符合下列规定（《建规》4.2.3）：

① 组内储罐的单罐容量和总容量不应大于表4-3的规定。

表4-3　甲、乙、丙类液体储罐分组布置的最大容量　　　　　　　m³

类别	单罐最大容量	一组罐最大容量
甲、乙类液体	200	1000
丙类液体	500	3000

② 组内储罐的布置不应超过两排。甲、乙类液体立式储罐之间的防火间距不应小于2 m（图4-1），卧式储罐之间的防火间距不应小于0.8 m；丙类液体储罐之间的防火间距不限（图4-2）。

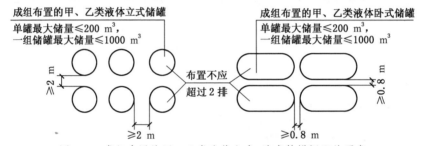

图4-1　成组布置的甲、乙类液体立式/卧式储罐间距的要求

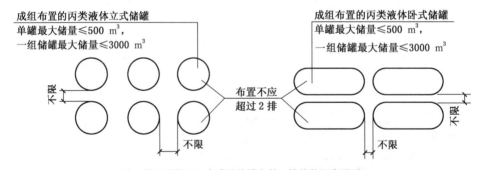

注：间距不限者，应满足储罐安装、检修的距离需要。

图4-2　成组布置的丙类液体立式/卧式储罐的要求

③ 储罐组之间的防火间距应根据组内储罐的形式和总容量折算为相同类别的标准单罐，按《建规》4.2.2的规定确定。

二、防火堤验收

防火堤的设置应符合下列规定（《建规》4.2.5）：

（1）甲、乙、丙类液体的地上式、半地下式储罐区，其每个防火堤内宜布置火灾危险性类别相同或相近的储罐。

（2）沸溢性油品储罐不应与非沸溢性油品储罐布置在同一防火堤内。

地上式、半地下式储罐不应与地下式储罐布置在同一防火堤内。

（3）甲、乙、丙类液体的地上式、半地下式储罐或储罐组，其四周应设置不燃性防火堤。

（4）防火堤内的储罐布置不宜超过2排，单罐容量不大于1000 m³ 且闪点大于120 ℃的液体储罐不宜超过4排，如图4-3所示。

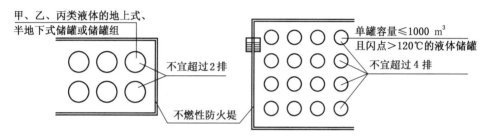

图4-3 防火堤内的储罐布置排数要求

（5）防火堤的有效容量不应小于其中最大储罐的容量。对于浮顶罐，防火堤的有效容量可为其中最大储罐容量的一半，如图4-4所示。

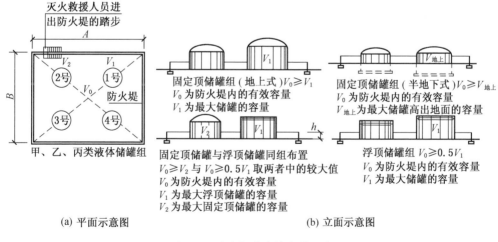

(a) 平面示意图　　　　　　　　　　　　　　　　(b) 立面示意图

图4-4 防火堤的有效容量要求

（6）防火堤内侧基脚线至立式储罐外壁的水平距离不应小于罐壁高度的一

半。防火堤内侧基脚线至卧式储罐的水平距离不应小于 3 m，如图 4-5 所示。

（7）防火堤的设计高度应比计算高度高出 0.2 m，且应为 1.0~2.2 m，在防火堤的适当位置应设置便于灭火救援人员进出防火堤的踏步，如图 4-5 所示。

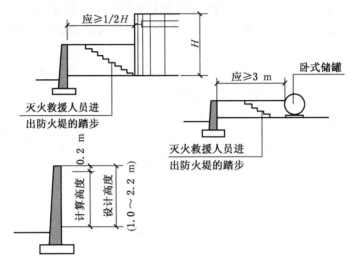

图 4-5 防火堤设计要求

第二节 地 铁 防 火

地铁消防验收应依据《地铁设计防火规范》（GB 52198—2018）。

一、建筑防火验收

（一）内装修

（1）地上车站公共区的墙面、顶面装修材料的燃烧性能应采用 A 级，满足自然排烟条件的车站公共区，地面装修材料的燃烧性能不应低于 B_1 级。

（2）中央控制室、应急指挥室、控制中心的墙面、顶面装修材料的燃烧性能应采用 A 级，其他装修材料的燃烧性能均不应低于 B_1 级。

（3）地上、地下车站公共区的广告灯箱、导向标志、休息椅、电话亭、售检票机等固定服务设施，应采用不低于 B_1 级难燃材料；垃圾箱应采用 A 级材料。

（4）站台、站厅、人员出入口、疏散楼梯间、避难通道、消防专用通道等的墙面、顶面、地面装修材料的燃烧性能应采用 A 级，站台门的绝缘层、具有自然排烟条件的地上房间地面装修材料的燃烧性能可采用 B_1 级。

（5）室内装修材料不得采用石棉、玻璃纤维、塑料类等制品。

（二）防烟分区

（1）地下车站的公共区，以及设备与管理用房，应划分防烟分区，且防烟分区不得跨越防火分区。

（2）站厅与站台的公共区每个防烟分区的建筑面积，不宜超过 2000 m²，设备与管理用房每个防烟分区的建筑面积不宜超过 750 m²。

（3）挡烟垂壁或防烟分隔构件，应为 A 级材料；挡烟垂壁下缘至地面、楼梯、踏步面等不应小于 2.3 m。

二、消防设施验收

（一）消火栓给水系统

1. 一般规定

除高架区间外，地铁工程应设置室内外消防给水系统。

2. 室外消火栓系统

（1）除地上区间外，地铁车站及其附属建筑、车辆基地应设置室外消火栓系统。

（2）地下车站的室外消火栓设置数量应满足灭火救援要求，且不应少于 2 个，其室外消火栓设计流量不应小于 20 L/s。

3. 室内消火栓系统

（1）车站的站厅层、站台层、设备层、地下区间及长度大于 30 m 的人行通道等处均应设置室内消火栓。

（2）地下车站的室内消火栓设计流量不应小于 20 L/s。地下车站出入口通道、地下折返线及地下区间的室内消火栓设计流量不应小于 10 L/s。

（二）灭火系统

1. 自动喷水灭火系统

下列场所应设置自动喷水灭火系统：

（1）建筑面积大于 6000 m² 的地下、半地下和上盖设置了其他功能建筑的停车库、列检库、停车列检库、运用库、联合检修库。

（2）可燃物品的仓库和难燃物品的高架仓库或高层仓库。

2. 自动灭火系统

下列场所应设置自动灭火系统：

（1）地下车站的环控电控室、通信设备室（含电源室）、信号设备室（含电源室）、公网机房、降压变电所、牵引变电所、站台门控制室、蓄电池室、自动售检票设备室。

（2）地下主变电所的变压器室、控制室、补偿装置室、配电装置室、蓄电池室、接地电阻室、站用变电室等。

（3）控制中心的综合监控设备室、通信机房、信号机房、自动售检票机房、计算机数据中心、电源室等无人值守的重要电气设备用房。

（三）防烟和排烟设施

1. 排烟设施

下列场所应设置排烟设施：

（1）地下或封闭车站的站厅、站台公共区。

（2）同一个防火分区内总建筑面积大于 200 m² 的地下车站设备管理区，地下单个建筑面积大于 50 m² 且经常有人停留或可燃物较多的房间。

（3）连续长度大于一列列车长度的地下区间和全封闭车道。

（4）车站设备管理区内长度大于 20 m 的内走道，长度大于 60 m 的地下换乘通道、连接通道和出入口通道。

2. 防烟设施

（1）防烟楼梯间及其前室、避难走道及其前室应设置防烟设施。

（2）地下车站设置机械加压送风系统的封闭楼梯间、防烟楼梯间宜在其顶部设置固定窗，但公共区供乘客疏散、设置机械加压送风系统的封闭楼梯间、防烟楼梯间顶部应设置固定窗。

3. 排烟设备

（1）地下车站的排烟风机在 280 ℃ 时应能连续工作不小于 1 h，地上车站和控制中心及其他附属建筑的排烟风机在 280 ℃ 时应能连续工作不小于 0.5 h。

（2）地下区间的排烟风机的运转时间不应小于区间乘客疏散所需的最长时间，且在 280 ℃ 时应能连续工作不小于 1 h。

（3）火灾时需要运行的风机，从静态转换为事故状态所需时间不应大于 30 s，从运转状态转换为事故状态所需时间不应大于 60 s。

（四）自动报警系统及消防配电与应急照明

1. 自动报警系统

1）设置场所

车站、地下区间、区间变电所及系统设备用房、主变电所、控制中心、车辆基地应设置火灾自动报警系统。

2）设置标准

正常运行工况需控制的设备，应由环境与设备监控系统直接监控；火灾工况专用的设备，应由火灾自动报警系统直接监控。

2. 消防配电与应急照明

1）消防配电

地铁的消防用电负荷应为一级负荷。其中，火灾自动报警系统、环境与设备监控系统、变电所操作电源和地下车站及区间的应急照明用电负荷应为特别重要负荷。

2）应急照明

（1）应急照明应由应急电源提供专用回路供电，并应按公共区与设备管理区分回路供电。备用照明和疏散照明不应由同一分支回路供电。

（2）地下车站及区间应急照明的持续供电时间不应小于 60 min，由正常照明转换为应急照明的切换时间不应大于 5 s。

（3）车站疏散照明的地面最低水平照度不应小于 3.0 lx，楼梯或扶梯、疏散通道转角处的照度不应低于 5.0 lx。

（4）地下区间道床面疏散照明的最低水平照度不应小于 3.0 lx。

第三节　城市交通隧道防火

城市交通隧道消防验收应依据《建规》，同时可以参照《公路隧道设计规范》（JTG D70—2004）。

一、隧道分类（《建规》12.1.2）

单孔和双孔隧道应按其封闭段长度和交通情况分为一、二、三、四类，见表4-4。

表4-4　单孔和双孔隧道分类

用　　途	一类	二类	三类	四类
	隧道封闭段长度 L/m			
可通行危险化学品等机动车	$L > 1500$	$500 < L \leq 1500$	$L \leq 500$	—
仅限非危险化学品等机动车	$L > 3000$	$1500 < L \leq 3000$	$500 < L \leq 1500$	$L \leq 500$
仅限人行或通行非机动车	—	—	$L > 1500$	$L \leq 1500$

二、消防设施验收

隧道消防设施的设置是验收要点，详见表4-5。

表 4-5 隧道的消防设施验收要点

内容	设施	验收要点	对应规范条目
灭火设施	消火栓系统	(1) 除四类隧道和行人或通行非机动车辆的三类隧道外,隧道内应设置消防给水系统,且宜独立设置。 (2) 隧道内的消火栓用水量不应小于 20 L/s,隧道外的消火栓用水量不应小于 30 L/s。对于长度小于 1000 m 的三类隧道,隧道内外的消火栓用水量可分别为 10 L/s 和 20 L/s。 (3) 隧道内消火栓的间距不应大于 50 m	《建规》12.2.2
	灭火器	应设置 A、B、C 类灭火器,并应符合下列规定: (1) 通行机动车的一、二类隧道和通行机动车并设置 3 条及以上车道的三类隧道,在隧道两侧均应设置灭火器,每个设置点不应少于 4 具。 (2) 其他隧道,可在隧道一侧设置灭火器,每个设置点不应少于 2 具。 (3) 灭火器设置点的间距不应大于 100 m	《建规》12.2.4
排烟模式	设置	通行机动车的一、二、三类隧道应设置排烟设施	《建规》12.3.1~12.3.4
	排烟方式	(1) 长度大于 3000 m 的隧道,宜采用纵向分段排烟方式或重点排烟方式。 (2) 长度不大于 3000 m 的单洞单向交通隧道,宜采用纵向排烟方式。 (3) 单洞双向交通隧道,宜采用重点排烟方式	
	排烟系统要求	(1) 采用全横向和半横向通风方式时,可通过排风管道排烟。 (2) 采用纵向排烟方式时,应能迅速组织气流、有效排烟,其排烟风速应根据隧道内的最不利火灾规模确定,且纵向气流的速度不应小于 2 m/s,并应大于临界风速	
自动报警系统	警报信号装置	隧道入口外 100~150 m 处,应设置隧道内发生火灾时能提示车辆禁入隧道的警报信号装置	《建规》12.4.1
	系统设置	一、二类隧道应设置火灾自动报警系统,通行机动车的三类隧道宜设置火灾自动报警系统	《建规》12.4.2
消防供电		(1) 一、二类隧道的消防用电按一级负荷要求供电,三类隧道按二级负荷要求供电。 (2) 隧道两侧、人行横通道和人行疏散通道上应设置疏散照明和疏散指示标志,其设置高度不宜大于 1.5 m。 (3) 一、二类隧道内疏散照明和疏散指示标志的连续供电时间不应小于 1.5 h;其他隧道,不应小于 1.0 h	《建规》12.5.1、12.5.3

第四节　加油加气站防火

加油加气站消防验收应依据《汽车加油加气站设计与施工规范》(GB 50156—2014)。

一、建筑防火验收

加油加气站的建筑防火验收要点见表4-6。

表4-6　加油加气站的建筑防火验收要点

内　容	验　收　要　点
加油加气站内的站房及其他附属建筑物的耐火等级	(1) 耐火等级不应低于二级。 (2) 当罩棚顶棚的承重构件为钢结构时,其耐火极限可为0.25 h,罩棚顶棚其他部分不得采用燃烧体建造
加气站、加油加气合建站内建筑物的防爆措施	(1) 门、窗应向外开。 (2) 有爆炸危险的建筑物,应采取泄压措施。 (3) 加油加气站内,爆炸危险区域内的房间的地坪应采用不发火花地面并采取通风措施
站房与辅助服务区内设施之间	站房与设置在辅助服务区内的餐厅、汽车服务、锅炉房、厨房、员工宿舍等设施之间,应设置无门、窗、洞口且耐火极限不低于3.00 h的实体墙
液化石油气加气站内的植物	液化石油气加气站内不应种植树木和易造成可燃气体积聚的其他植物
加油岛、加气岛及汽车加油、加气场地罩棚的设置	罩棚应采用不燃材料制作,其有效高度不应小于4.5 m。罩棚边缘与加油机或加气机的平面距离不宜小于2 m
锅炉的选用	(1) 锅炉宜选用额定供热量不大于140 kW的小型锅炉。 (2) 当采用燃煤锅炉时,宜选用具有除尘功能的自然通风型锅炉。 (3) 锅炉烟囱出口应高出屋顶2 m及以上,且应采取防止火星外逸的有效措施
站内地面雨水排出	(1) 在排出围墙之前,应设置水封装置。 (2) 清洗油罐的污水应集中收集处理,不应直接进入排水管道。 (3) 液化石油气罐的排污(排水)应采用活动式回收桶集中收集处理,严禁直接接入排水管道

表4-6（续）

内　容	验 收 要 点
加油加气站的电力线路	宜采用电缆并直埋敷设
钢制油罐、液化石油气储罐、液化天然气储罐和压缩天然气储气瓶组防雷	（1）必须进行防雷接地，接地点不应少于2处。 （2）当加油加气站的站房和罩棚需要防直击雷时，应采用避雷带（网）保护

二、消防设施验收

加油加气站的消防设施验收要点见表4-7。

表4-7　加油加气站的消防设施验收要点

类型	验 收 要 点
消防给水设施	（1）液化石油气加气站、加油和液化石油气加气合建站应设消防给水系统。 （2）设置有地上LNG储罐的一、二级LNG加气站和地上LNG储罐总容积大于60 m³的合建站应设消防给水系统。 一级站消火栓消防用水量不小于20 L/s，二级站消火栓消防用水量不小于15 L/s，连续给水时间为2 h。 （3）消防水泵宜设2台，当设2台时，可以不设备用泵
火灾报警系统	（1）加气站、加油加气合建站应设置可燃气体检测报警系统。 （2）加气站、加油加气合建站内设置有LPG设备、LNG设备的场所和设置有CNG设备（包括罐、瓶、泵、压缩机等）的房间内、罩棚下，应设置可燃气体检测器。 （3）可燃气体检测器一级报警设定值应小于或等于可燃气体爆炸下限的25%。 （4）LPG储罐和LNG储罐应设置液位上限、下限报警装置和压力上限报警装置
供配电	（1）加油加气站的供电负荷等级可为三级，信息系统应设不间断供电电源。 （2）加油加气站的电力线路宜采用电缆并直埋敷设。电缆穿越行车道部分，应穿钢管保护。 （3）当采用电缆沟敷设电缆时，加油加气作业区内的电缆沟内必须充沙填实。电缆不得与油品、LPG、LNG和CNG管道以及热力管道敷设在同一沟内
灭火器材配置	（1）每2台加气机应配置不少于2具4 kg手提式干粉灭火器，加气机不足2台应按2台配置。 （2）每2台加油机应配置不少于2具4 kg手提式干粉灭火器，或1具4 kg手提式干粉灭火器和1具6 L泡沫灭火器。加油机不足2台应按2台配置。

226

表 4-7（续）

类型	验 收 要 点
灭火器材配置	（3）地上 LPG 储罐、地上 LNG 储罐、地下和半地下 LNG 储罐、CNG 储气设施，应配置 2 台不小于 35 kg 推车式干粉灭火器。当两种介质储罐之间的距离超过 15 m 时，应分别配置。 （4）地下储罐应配置 1 台不小于 35 kg 推车式干粉灭火器。当两种介质储罐之间的距离超过 15 m 时，应分别配置。 （5）LPG 泵和 LNG 泵、压缩机操作间（棚），应按建筑面积每 50 m² 配置不少于 2 具 4 kg 手提式干粉灭火器。 （6）一、二级加油站应配置灭火毯 5 块、沙子 2 m³；三级加油站应配置灭火毯不少于 2 块、沙子 2 m³。加油加气合建站应按同级别的加油站配置灭火毯和沙子

第五节　发电厂与变电站防火

发电厂与变电站消防验收应该依据《火力发电厂与变电站设计防火标准》（GB 50229—2019），该标准适用于下列新建、改建和扩建的火力发电厂、变电站：

（1）1000 MW 级机组及以下的燃煤火力发电厂（简称燃煤电厂）。

（2）燃气轮机标准额定出力 400 MW 级及以下的简单循环或燃气—蒸汽联合循环电厂（简称燃机电厂）。

（3）电压为 1000 kV 级及以下的变电站、换流站。

一、火力发电厂消防设计验收

（一）防火分区面积

1. 主厂房地上部分

（1）600 MW 级及以下机组，不应大于 6 台机组的建筑面积。

（2）600 MW 级以上机组、1000 MW 级机组，不应大于 4 台机组的建筑面积。

2. 主厂房其地下部分

不应大于 1 台机组的建筑面积。

（二）主厂房的安全疏散

（1）汽机房、除氧间、煤仓间、锅炉房、集中控制楼的安全出口均不应少于 2 个。可利用通向相邻车间的乙级防火门作为第二安全出口，但每个车间地面层至少必须有 1 个直通室外的安全出口。

（2）汽机房、除氧间、煤仓间、锅炉房最远工作地点到直通室外的安全出口或疏散楼梯的距离不应大于 75 m；集中控制楼最远工作地点到直通室外的安全出口或疏散楼梯的距离不应大于 50 m。

（3）主厂房至少应有 1 个能通至各层和屋面且能直接通向室外的封闭楼梯间，其他疏散楼梯可为敞开式楼梯；集中控制楼至少应设置 1 个通至各层的封闭楼梯间。

（4）主厂房室外疏散楼梯的净宽度不应小于 0.9 m，楼梯坡度不应大于 45°，楼梯栏杆高度不应低于 1.1 m。主厂房室内疏散楼梯净宽度不宜小于 1.1 m，疏散走道的净宽度不宜小于 1.4 m，疏散门的净宽度不宜小于 0.9 m。

（5）集中控制室的房间疏散门不应少于 2 个，当房间位于两个安全出口之间，且建筑面积小于或等于 120 m² 时可设置 1 个。

（三）内装修

集中控制室、主控制室、网络控制室、汽机控制室、锅炉控制室和计算机房，其顶棚和墙面应采用 A 级装修材料，其他部位应采用不低于 B₁ 级的装修材料。

（四）火力发电厂消防系统

1. 火灾自动报警系统

（1）单机容量为 50~150 MW 的燃煤电厂，应设置集中报警系统。

（2）单机容量为 200 MW 及以上的燃煤电厂，应设置控制中心报警系统。

（3）200 MW 级机组及以上容量的燃煤电厂，宜按《火力发电厂与变电站设计防火标准》(GB 50229—2019) 7.13 划分火灾报警区域。

2. 消防给水系统

单机容量 125 MW 机组及以上的燃煤电厂消防给水应采用独立的消防给水系统。

单机容量 100 MW 机组及以下的燃煤电厂消防给水宜采用与生活用水或生产用水合用的给水系统。

3. 室外消防给水管道和消火栓

室外消防给水管道和消火栓的布置应符合《给水》的有关规定；液氨区及露天布置的锅炉区域，消火栓的间距不宜大于 60 m；液氨区应配置喷雾水枪。

4. 室内消火栓

下列建筑物或场所应设置室内消火栓：

（1）主厂房（包括汽机房和锅炉房的底层、运转层，煤仓间各层，除氧器层，锅炉燃烧器各层平台，集中控制楼）。

（2）主控制楼，网络控制楼，微波楼，屋内高压配电装置（有充油设备），脱硫控制楼，吸收塔的检修维护平台。

（3）屋内卸煤装置、碎煤机室、转运站、筒仓运煤皮带层。

（4）柴油发电机房。

（5）一般材料库，特殊材料库。

5. 灭火系统

1）自动喷水与水喷雾灭火系统

适用于汽轮机油箱、电液装置（抗燃油除外）、氢密封油装置汽机运转层下及中间层油管道、给水泵油箱（抗燃油除外）、汽机储油箱（主厂房内）、锅炉本体燃烧器等。

2）气体灭火系统

集中控制楼内的单元控制室、电子设备间、电气继电器室、DCS 工程师站房或计算机房、原煤仓、煤粉仓（无烟煤除外）（惰化），宜采用组合分配气体灭火系统。

3）泡沫灭火系统

点火油罐区宜采用低倍数或中倍数泡沫灭火系统，其中，单罐容量大于 200 m^3 的油罐应采用固定式泡沫灭火系统，单罐容量小于或等于 200 m^3 的油罐可采用移动式泡沫灭火系统。

6. 消防供电系统

（1）自动灭火系统、与消防有关的电动阀门及交流控制负荷应按保安负荷供电。当机组无保安电源时，应按 I 类负荷供电。

（2）单机容量为 25 MW 以上的发电厂，消防水泵及主厂房电梯应按 I 类负荷供电。单机容量为 25 MW 及以下的发电厂，消防水泵及主厂房电梯应按不低于 II 类负荷供电。单台发电机容量为 200 MW 及以上时，主厂房电梯应按保安负荷供电。

二、变配电站建筑消防设计验收

（一）电气设备与电缆敷设防火

（1）总油量超过 100 kg 的室内油浸变压器，应设置单独的变压器室。

（2）35 kV 及以下室内配电装置当未采用金属封闭开关设备时，其油断路器、油浸电流互感器和电压互感器，应设置在两侧有不燃烧实体墙的间隔内；35 kV 以上室内配电装置应安装在有不燃烧实体墙的间隔内，不燃烧实体墙的高度不应低于配电装置中带油设备的高度。

（3）室内单台总油量为 100 kg 以上的电气设备，应设置贮油或挡油设施。挡油设施的容积宜按油量的 20% 设计，并应设置将事故油排至安全处的设施；当不能满足上述要求时，应设置能容纳全部油量的贮油设施。

室外单台油量为 1000 kg 以上的电气设备，应设置贮油或挡油设施。挡油设施的容积宜按油量的 20% 设计，并应设置将事故油排至安全处的设施；当不能满足上述要求且变压器未设置水喷雾灭火系统时，应设置能容纳全部油量的贮油设施。

（4）地下变电站的变压器应设置能贮存最大一台变压器油量的事故贮油池。

（5）电缆从室外进入室内的入口处、电缆竖井的出入口处、电缆接头处、主控制室与电缆夹层之间以及长度超过 100 m 的电缆沟或电缆隧道，均应采取防止电缆火灾蔓延的阻燃或分隔措施。

（6）220 kV 及以上变电站，当电力电缆与控制电缆或通信电缆敷设在同一电缆沟或电缆隧道内时，宜采用防火槽盒或防火隔板进行分隔。地下变电站电缆夹层宜采用低烟无卤阻燃电缆。

（二）消防设施设置

（1）单台容量为 125 MV·A 及以上的油浸变压器、200 MV·A 及以上的油浸电抗器，应设置水喷雾灭火系统或其他固定式灭火装置。其他带油电气设备，宜配置干粉灭火器。

（2）地下变电站的油浸变压器、油浸电抗器，宜采用固定式灭火系统。在室外专用贮存场地贮存作为备用的油浸变压器、油浸电抗器，可不设置火灾自动报警系统和固定式灭火系统。

（3）变电站户外配电装置区域（采用水喷雾的油浸变压器、油浸电抗器消火栓除外）可不设消火栓。

（4）下列建筑应设置室内消火栓并配置喷雾水枪：

① 500 kV 及以上的直流换流站的主控制楼。

② 220 kV 及以上的高压配电装置楼（有充油设备）。

③ 220 kV 及以上户内直流开关场（有充油设备）。

④ 地下变电站。

（5）变电站内下列建筑物可不设室内消火栓：

① 交流变电站的主控制楼。

② 继电器室。

③ 高压配电装置楼（无充油设备）。

④ 阀厅。

⑤ 户内直流开关场（无充油设备）。

⑥ 空冷器室。

⑦ 生活、工业消防水泵房。

⑧ 生活污水、雨水泵房。

⑨ 水处理室。

⑩ 占地面积不大于 300 m² 的建筑。

注：上述建筑仅指变电站中独立设置的建筑物，不包含各功能组合的联合建筑物。

第六节 飞 机 库 防 火

飞机库消防验收应依据《飞机库设计防火规范》（GB 50284—2008）。

一、建筑防火验收

（一）防火分区

各类飞机库内飞机停放和维修区的防火分区允许最大建筑面积应符合表 4-8 的规定。

表 4-8 防火分区允许最大建筑面积

类 别	最大建筑面积/m²	机 库 容 量
Ⅰ类飞机库	50000	可停放和维修多架大型飞机
Ⅱ类飞机库	5000	可停放和维修 1~2 架中型飞机
Ⅲ类飞机库	3000	只能停放和维修小型飞机

（二）耐火等级

（1）Ⅰ类飞机库的耐火等级应为一级，Ⅱ、Ⅲ类飞机库的耐火等级不应低于二级，飞机库地下室的耐火等级应为一级。

（2）飞机库飞机停放和维修区屋顶金属承重构件采取外包敷防火隔热板或喷涂防火隔热涂料等措施进行防火保护，当采用泡沫—水雨淋系统或采用自动喷水灭火系统后，屋顶可采用无防火保护的金属构件。

（三）安全疏散

（1）飞机停放和维修区的每个防火分区至少应有两个直通室外的安全出口，

其最远工作地点到安全出口的距离不应大于75.0 m。

（2）当飞机库大门上设有供人员疏散用的小门时，小门的最小净宽度不应小于0.9 m。飞机停放和维修区内的地下通行地沟应设有不少于两个通向室外的安全出口。

二、消防设施验收

飞机库的消防设施验收要点见表4-9。

表4-9　飞机库的消防设施验收要点

部位		验收要点
消防用电		Ⅰ、Ⅱ类飞机库的消防电源负荷等级应为一级，Ⅲ类飞机库的消防电源负荷等级不应低于二级
消防给水	消防给水	飞机库的消防水源及消防供水系统要满足火灾延续时间内所有泡沫灭火系统、自动喷水灭火系统和室内外消火栓系统同时供水的要求
	消防泵和消防泵房	消防泵房宜采用自带油箱的内燃机，其燃油料储备量不宜小于内燃机4 h的用量，并不大于8 h的用量
灭火设施	Ⅰ类飞机库	（1）采用泡沫—水雨淋系统。 （2）在飞机库屋架内设闭式自动喷水灭火系统，飞机库内较低位置设置的远程消防泡沫炮等低倍数泡沫自动灭火系统和泡沫枪用于扑灭飞机库地面油火
	Ⅱ类飞机库	（1）设置远控消防泡沫炮灭火系统或其他低倍数泡沫自动灭火系统、泡沫枪。 （2）设置高倍数泡沫灭火系统和泡沫枪
	Ⅲ类飞机库	设置泡沫枪为主要灭火设施。 （1）在Ⅲ类飞机库内不应从事输油、焊接、切割和喷漆等作业；否则，宜按Ⅱ类飞机库选择灭火系统。 （2）Ⅲ类飞机库内如停放和维修特殊用途和价值昂贵的飞机，也可按Ⅱ类飞机库选用灭火系统
自动报警系统	Ⅰ、Ⅱ、Ⅲ类飞机库均应设置火灾自动报警系统	（1）屋顶承重构件区宜选用感温探测器。 （2）在地上空间宜选用火焰探测器和感烟探测器。在建筑高度大于20.0 m的飞机库，可采用吸气式感烟探测器。 （3）在地面以下的地下室和地面以下的通风地沟内有可燃气体聚积的空间、燃气进气间和燃气阀门附近应选用可燃气体探测器

第七节　汽车库、修车库防火

汽车库、修车库消防验收应依据《汽车库、修车库、停车场设计防火规范》（GB 50067—2014）。

一、按照停车数量和建筑面积的分类

汽车库、修车库的分类应根据停车（车位）数量和总建筑面积确定，并应符合表4-10的规定。

表4-10　汽车库、修车库防火分类

名　称		I	II	III	IV
汽车库	停车数量/辆	>300	151~300	51~150	≤50
	或总建筑面积 S/m^2	$S>10000$	$5000<S\leq10000$	$2000<S\leq5000$	$S\leq2000$
修车库	车位数/个	>15	6~15	3~5	≤2
	或总建筑面积 S/m^2	$S>3000$	$1000<S\leq3000$	$500<S\leq1000$	$S\leq500$

二、建筑防火验收

（一）耐火等级

（1）地下半地下和高层汽车库应为一级。

（2）甲、乙类物品运输车的汽车库、修车库和 I 类的汽车库、修车库，应为一级。

（3）II、III类的汽车库、修车库的耐火等级不应低于二级。

（4）IV类的汽车库、修车库的耐火等级不应低于三级。

（二）防火间距

汽车库、修车库之间及汽车库、修车库与除甲类物品仓库外的其他建筑物的防火间距，不应小于表4-11的规定。

表4-11　汽车库、修车库之间及汽车库、修车库与除甲类物品
仓库外的其他建筑物之间的防火间距　　　　　　　　　　　　　m

名称和耐火等级	汽车库、修车库		厂房、仓库、民用建筑		
	一、二级	三级	一、二级	三级	四级
一、二级汽车库、修车库	10	12	10	12	14
三级汽车库、修车库	12	14	12	14	16

（1）高层汽车库与其他建筑物，汽车库、修车库与高层工业、民用建筑的防火间距应按表 4-11 的规定值增加 3 m。

（2）汽车库、修车库与甲类厂房的防火间距应按表 4-11 的规定值增加 2 m。

（3）甲、乙类物品运输车的汽车库、修车库与民用建筑的防火间距不应小于 25 m，与重要公共建筑的防火间距不应小于 50 m。与明火或散发火花地点的防火间距不应小于 30 m。

（三）防火分区

1. 一般要求

汽车库防火分区的最大允许建筑面积见表 4-12。

表 4-12　汽车库防火分区的最大允许建筑面积　　　　　　　m²

耐火等级	单层汽车库	多层汽车库、半地下汽车库	地下汽车库或高层汽车库
一、二级	3000	2500	2000
三级	1000	不允许	不允许

注意特殊情况：

（1）敞开式、错层式、斜楼板式汽车库的上下连通层面积应叠加计算，每个防火分区的最大允许面积不应大于表 4-12 规定的 2.0 倍。

（2）室内有车道且有人员停留的机械式汽车库，其防火分区最大允许建筑面积应按表 4-12 的规定减少 35%。

（3）汽车库内设有自动灭火系统时，其每个防火分区的最大允许建筑面积不应大于表 4-12 规定的 2.0 倍。

2. 甲、乙类物品运输车的汽车库、修车库防火分区面积

甲、乙类物品运输车的汽车库、修车库，每个防火分区的最大允许建筑面积不应大于 500 m²。

3. 修车库防火分区面积

修车库每个防火分区的最大允许建筑面积不应大于 2000 m²，当修车部位与相邻使用有机溶剂和喷漆工段采用防火墙分隔时，每个防火分区的最大允许建筑面积不应大于 4000 m²。

三、消防设施验收

汽车库、修车库的消防设施验收要点见表 4-13。

表4-13　汽车库、修车库的消防设施验收要点

内容		验 收 要 点
消防给水		汽车库、修车库应设置消防给水系统，耐火等级为一、二级的Ⅳ类修车库和停放车辆不大于5辆的一、二级耐火等级的汽车库可不设消防给水系统
消火栓系统	室外消火栓	(1) 室外消防用水量应按消防用水量最大的一座计算。 (2) Ⅰ、Ⅱ类汽车库、修车库的室外消防用水量不应小于20 L/s，Ⅲ类汽车库、修车库的室外消防用水量不应小于15 L/s，Ⅳ类汽车库、修车库的室外消防用水量不应小于10 L/s
	室内消火栓	(1) 汽车库、修车库应设室内消火栓给水系统。 (2) Ⅰ、Ⅱ、Ⅲ类汽车库及Ⅰ、Ⅱ类修车库的用水量不应小于10 L/s，系统管道内的压力应保证相邻两个消火栓的水枪充实水柱同时到达室内任何部位；Ⅳ类汽车库及Ⅲ、Ⅳ类修车库的用水量不应小于5 L/s
自动喷水灭火系统		(1) 除敞开式汽车库外，Ⅰ、Ⅱ、Ⅲ类地上汽车库，停车数大于10辆的地下、半地下汽车库、机械式汽车库，采用汽车专用升降机作汽车疏散出口的汽车库，Ⅰ类修车库，均要设置自动喷水灭火系统。 (2) 环境温度低于4℃时间较短的非严寒或非寒冷地区，可采用湿式自动喷水灭火系统，但应采取防冻措施
火灾自动报警系统		除敞开式汽车库外，Ⅰ类汽车库、修车库，Ⅱ类地下、半地下汽车库、修车库，Ⅱ类高层汽车库、修车库，机械式汽车库，以及采用汽车专用升降机作汽车疏散出口的汽车库应设置火灾自动报警系统
防排烟		(1) 除敞开式汽车库、建筑面积小于1000 m² 的地下一层汽车库和修车库外，汽车库、修车库应设置排烟系统，并应划分防烟分区，防烟分区的建筑面积不宜超过2000 m²。 (2) 机械排烟系统可与人防、卫生等排气、通风系统合用。排烟风机可采用离心风机或排烟轴流风机，并应保证280℃时能连续工作30 min

第八节　人防工程防火

人防工程消防验收应依据：

(1)《人防》。

(2)《人民防空工程设计规范》(GB 50225—2005)。

(3)《内装修》。

设置在人防工程内的汽车库、修车库，其防火设计应按《汽车库、修车库、停车场设计防火规范》(GB 50067—2014) 的有关规定执行。

一、总平面布局和布置验收

人防工程内建筑总平面布局和平面布置的验收要点见表4-14。

表4-14 人防工程内建筑总平面布局和平面布置的验收要点（《人防》3.1）

内容	验 收 要 点
不得设置的场所	（1）不得使用和储存液化石油气、相对密度（与空气密度比值）大于或等于0.75的可燃气体和闪点小于60℃的液体燃料。 （2）不得设置油浸电力变压器和其他油浸电气设备。 （3）不应设置哺乳室、托儿所、幼儿园、游乐厅等儿童活动场所和残疾人员活动场所。 （4）不应经营和储存火灾危险性为甲、乙类储存物品属性的商品
医院病房	不应设置在地下二层及以下层，当设置在地下一层时，室内地面与室外出入口地坪高差不应大于10 m
歌舞娱乐放映游艺场所	不应设置在人防工程地下二层及以下层；当设置在地下一层时，室内地面与室外出入口地坪高差不应大于10 m
营业厅	不应设置在地下三层及三层以下；当地下商店总建筑面积大于20000 m²时，应采用防火墙进行分隔，且防火墙上不得开设门、窗、洞口，相邻区域确需局部连通时，应采取可靠的防火分隔措施
内设有旅店、病房、员工宿舍	不得设置在地下二层及以下层，并应划分为独立的防火分区，其疏散楼梯不得与其他防火分区的疏散楼梯共用

二、消防设施验收

人防工程内消防设施验收要点见表4-15。

表4-15 人防工程内消防设施验收要点

消防设施	验 收 要 点	对应规范条目
室内消火栓系统	（1）建筑面积大于300 m²的人防工程。 （2）电影院、礼堂、消防电梯间前室和避难走道	《人防》 7.2.1
自动喷水灭火系统	（1）除丁、戊类物品库房和自行车库外，建筑面积大于500 m²的丙类库房和其他建筑面积大于1000 m²的人防工程。	《人防》 7.2.2、7.2.3， 有困难时，也 可设置局部 应用系统

表 4-15（续）

消防设施	验　收　要　点	对应规范条目
自动喷水灭火系统	（2）大于 800 个座位的电影院和礼堂的观众厅，且吊顶下表面至观众席室内地面高度不大于 8 m 时；舞台使用面积大于 200 m² 时；观众厅与舞台之间的台口宜设置防火幕或水幕分隔。 （3）歌舞娱乐放映游艺场所。 （4）建筑面积大于 500 m² 的地下商店和展览厅。 （5）燃油或燃气锅炉房和装机总容量大于 300 kW 的柴油发电机房	《人防》7.2.2、7.2.3，有困难时，也可设置局部应用系统
消防供电	（1）建筑面积＞5000 m² 按照一级负荷供电。 （2）建筑面积≤5000 m² 按照二级负荷供电。 （3）蓄电池备用电源的连续供电时间≥30 mim	《人防》8.1.1
火灾自动报警系统	（1）建筑面积＞500 m² 的地下商店、展览厅和健身体育场所。 （2）建筑面积＞1000 m² 的丙、丁类生产车间和丙、丁类物品库房。 （3）重要的通信机房和电子计算机机房，柴油发电机房和变配电室，重要的实验室和图书、资料、档案库房。 （4）歌舞娱乐放映游艺场所等	《人防》8.4.1
防烟和排烟	（1）防烟： 　人防工程的防烟楼梯间及其前室或合用前室、避难走道的前室应设置机械加压送风防烟设施。丙、丁、戊类物品库房宜采用密闭防烟措施。 （2）排烟： 　人防工程中总建筑面积大于 200 m² 的人防工程；建筑面积大于 50 m²，且经常有人停留或可燃物较多的房间；丙、丁类生产车间；长度大于 20 m 的疏散走道；歌舞娱乐放映游艺场所；中庭等应设置排烟设施	《人防》6.1.1、6.1.2

第五章 建设工程消防验收
评 定 规 则

建设工程消防验收依据是《建设工程消防验收评定规则》（GA 836—2016），该标准的第 4~6 章为强制性的，其余为推荐性的。

一、基本术语

（一）建设工程消防验收（acceptance inspection of building fire protection installation）

消防机构依据消防法律法规和国家工程建设消防技术标准，对纳入消防行政许可范围的建设工程在建设单位组织竣工验收合格的基础上，通过抽查、评定，作出是否合格的行政许可决定。

（二）建设工程竣工验收消防备案检查（acceptance inspection of building fire protection installation filed for record）

消防机构依据消防法律法规和国家工程建设消防技术标准，对消防行政许可范围以外并经备案被确定为检查对象的建设工程，在建设单位组织竣工验收合格的基础上，通过抽查、评定，作出是否合格的检查意见。

（三）子项（subassembly of fire protection system）

组成防火设施、灭火系统或使用性能、功能单一并涉及消防安全的项目，如火灾探测器、安全出口、防火门等。

（四）单项（individual fire protection system）

由若干使用性质或功能相近的子项组成并涉及消防安全的项目，如建筑内部装修防火、防火分隔、防烟分隔、消火栓系统、自动喷水灭火系统、火灾自动报警系统等。

（五）综合评定（comprehensive assessment）

依据资料审查和各单项检查结果作出的消防验收结论。

二、一般要求

（1）建设工程消防验收由消防机构组织实施，建设、设计、施工、工程监理、建筑消防设施技术检测等单位予以配合。

（2）建设工程消防验收应按照资料审查、现场抽样检查及功能测试、综合评定的程序进行。

（3）建设工程消防验收的资料审查、现场抽样检查及功能测试应按照建设工程消防验收记录表（附录）的内容逐项进行，并如实记录结果。表中未涵盖的其他灭火设施，可依据此表格式自行续表。

（4）建设工程竣工验收消防备案检查，除资料审查、局部验收外，其他要求同《建设工程消防验收评定规则》（GA 836—2016）第4~6章的规定。

三、验收内容

（一）建设工程消防验收的内容
建设工程消防验收的内容包括资料审查、现场抽样检查及功能测试。

（二）审查资料
审查资料包括：

（1）建设工程消防验收申报表。

（2）工程竣工验收报告和有关消防设施的工程竣工图纸以及相关隐蔽工程施工和验收资料。

（3）消防产品市场准入证明文件。

（4）具有防火性能要求的装修材料符合国家标准或行业标准的证明文件。

（5）消防设施检测合格证明文件。

（6）建设单位的工商营业执照等合法身份证明文件。

（7）施工、工程监理、消防技术服务机构的合法身份证明和资质等级证明文件。

（8）建设工程消防设计审核合格文件，特殊消防设计文件专家评审意见，消防设计技术审查意见和消防设计变更情况。

（三）现场抽样检查及功能测试
现场抽样检查及功能测试内容包括：

（1）对建筑防（灭）火设施的外观进行现场抽样查看。

（2）通过专业仪器设备对涉及距离、高度、宽度、长度、面积、厚度等可测量的指标进行现场抽样测量。

（3）对消防设施的功能进行抽查测试。

（4）对消防产品进行抽查，核对其市场准入证明文件。

（5）对其他涉及消防安全的项目进行抽查、测试。

四、验收评定

（一）一般原则

现场抽样检查及功能测试应按照先子项评定、后单项评定的程序进行。

（二）子项评定

（1）子项按其影响消防安全的重要程度分为 A（关键项目）、B（主要项目）、C（一般项目）三类，分类标准如下：

① A 类是指国家工程建设消防技术标准强制性条文规定的内容。

② B 类是指国家工程建设消防技术标准中带有"严禁""必须""应""不应""不得"要求的非强制性条文规定的内容。

③ C 类是指国家工程建设消防技术标准中的其他非强制性条文规定的内容。

子项的名称及对应的检查内容和检查方法见附录。

（2）子项的现场抽样检查及功能测试，应符合以下要求：

① 每一项的抽样数量不少于 2 处，当总数不大于 2 处时，全部检查；防火间距、消防车道的设置及安全出口的形式和数量应全部检查。

② B 类项抽查中若发现 1 处不合格，应再抽查 2 处，不足 2 处的全部抽查。

③ 子项的检查内容涉及抽查消防产品的，应对检查内容中至少一个品种的消防产品进行抽查，核对其市场准入证明文件。

（3）子项的评定应符合以下要求：

① 子项内容符合消防技术标准和消防设计文件要求的，评定为合格。

② 有距离、高度、宽度、长度、面积、厚度等要求的内容，其与设计图纸标示的数值误差不超过 5%，且不影响正常使用功能的，评定为合格。

③ 子项抽查中，A 类项抽查到 1 处不合格的，该项评定为不合格；B 类项抽查到 1 处不合格，按第（2）项的要求再抽查到 1 处以上不合格的，或无再抽查样本的，该项评定为不合格；C 类项抽查到 2 处以上不合格的，或总数只有 1 处且不合格的，该项评定为不合格。

④ 抽查的消防产品与其市场准入证明文件不一致的，评定为不合格。

⑤ 子项名称为系统功能的，系统主要功能满足设计文件要求并能正常实现的，评定为合格。

⑥ 未按照消防设计文件施工建设，造成子项内容缺少或与设计文件严重不符、影响建设工程消防安全功能实现的，评定为不合格。

（三）单项评定

（1）单项验收检查内容包括：

① 建筑类别与耐火等级、总平面布局、平面布置。

② 建筑保温及外墙装饰防火。

③ 建筑内部装修防火。

④ 防火分隔、防烟分隔、防爆。

⑤ 安全疏散、消防电梯。

⑥ 消火栓系统、自动喷水灭火系统。

⑦ 火灾自动报警系统。

⑧ 防烟和排烟系统及通风、空调系统防火。

⑨ 消防电气。

⑩ 建筑灭火器。

⑪ 其他灭火设施。

（2）所有子项内容评定合格，且满足下列条件的，单项评定为合格，否则为不合格：

① 抽查发现 A 类不合格项为 0。

② 抽查发现 B 类不合格项数量累计不大于 4 处。

③ 抽查发现 C 类不合格项数量累计不大于 8 处。

（四）综合评定

建设工程消防验收的综合评定结论分为合格和不合格。

建设工程符合下列条件的，应综合评定为建设工程消防验收合格；不符合其中任意一项的，综合评定为建设工程消防验收不合格：

（1）建设工程消防验收的资料审查为合格。

（2）建设工程的所有单项均评定为合格。

五、局部验收

（1）对于大型建设工程需要局部投入使用的部分，根据建设单位的申请，可实施局部建设工程消防验收。

（2）申请局部建设工程消防验收的建设工程，应符合下列条件：

① 与非使用区域有完整的符合消防技术标准要求的防火、防烟分隔。

② 局部投入使用部分的安全出口、疏散楼梯符合消防技术标准要求。

③ 消防水源、消防电源均满足消防技术标准和消防设计文件要求。

④ 取得局部投入使用部分的各项消防设施技术检测合格报告，并保证其独立运行。

⑤ 消防安全布局合理，消防车通道能够正常使用。

局部建设工程消防验收的程序、方法及评定要求按照《建设工程消防验收评定规则》(GA 836—2016) 第 4~6 章的规定执行。

六、档案管理

(1) 建设工程消防验收的档案应包含资料审查、现场抽样检查及功能测试、综合评定等所有资料。

(2) 建设工程消防验收档案内容较多时可立分册并集中存放,其中图纸可用电子档案的形式保存。

(3) 建设工程消防验收的原始技术资料应长期保存。

附录　建设工程消防验收记录表

建设工程消防验收记录表见附表 1 至附表 12。

附表 1　建设工程消防验收基本情况记录表

编号：〔　　〕第　　号

工程名称				现场检查日期	
建设单位			联系人	联系电话	
工程类别	□新建　□扩建　□改建　（□装修　□建筑保温　□用途变更）		受理/备案凭证文号		
			使用性质	火灾危险性	
建筑面积/m²		占地面积/m²	建筑高度/m	层数	
评定结论	评定结论		评定结论	建设工程消防验收/竣工验收消防备案检查、竣工验收消防备案复查情况和综合评定意见：	
单项名称	单项名称				
建筑类别与耐火等级	□消火栓系统				
□总平面布局	□自动喷水灭火系统			□合格：　　□不合格：	
□平面布置	□火灾自动报警系统			主责承办人（签名）：	
建筑保温及外墙装饰防火	□防烟和排烟系统及通风、空调系统防火				
□建筑内部装修防火	□消防电气			建设工程消防验收技术复核意见：	
□防火分隔	□建筑灭火器				
□防烟分隔	□其他灭火设施				
□防爆	□资料审查			技术复核人（签名）：	
□安全疏散	□其他：				
□消防电梯				单位类别	单位名称	项目负责人签名
现场消防检查人员（签名）：				建设单位		
				设计单位		
				施工单位		
				监理单位		

243

附表 2　建筑类别与耐火等级、总平面布局、平面布置验收检查记录表

单项名称	子项名称	内 容 和 方 法	要 求	验收检查情况	子项评定		单项评定
					重要程度	是否合格	
建筑类别与耐火等级	建筑类别	核对建筑的规模（面积、高度、层数）和性质，查阅相应资料	符合消防技术标准和消防设计文件要求		A		
	耐火等级	核对建筑耐火等级，查阅相应资料，查看建筑主要构件燃烧性能和耐火极限			A		
		查阅相应资料，查看钢结构构件防火处理			A		
	防火间距	测量消防设计文件中有要求的防火间距			A		
总平面布局	消防车道	查看设置位置，车道的净宽度、净高度、转弯半径、树木等障碍物	符合消防技术标准和消防设计文件要求，且严禁擅自改变用途或被占用，应自便于使用		A		
		查看设置形式、坡度、承载力、回车场等			B		
	消防车登高面	查看登高面的设置，是否有影响登高救援的裙房，首层是否设置楼梯出口，登高面上各楼层消防救援口的设置			A		
	消防车登高操作场地	查看设置的长度、宽度、坡度、承载力，是否有影响登高救援的树木、架空管线等	符合消防技术标准和消防设计文件要求		A		
	消防控制室	查看设置位置、防火分隔、安全出口，测试应急照明	无与消防设施无关的电气线路及管路穿越		A		
	消防水泵房	查看管道布置			A		
		查看防淹措施			A		
平面布置	民用建筑中其他特殊场所	查看歌舞娱乐放映游艺场所，儿童活动场所，空调机房，厨房，手术等设备用房设置位置，防火分隔	符合消防技术标准和消防设计文件要求		A		
	工业建筑中其他特殊场所	查看高火灾危险性部位，中间仓库设置部位，休息室等场所的设置位置，防火分隔			A		

消防验收人员：　　　　　　　　　　　　　　　　　建设单位负责人：

　　　　　　　　　　　　　　　　　　　　　　　　　　年　　月　　日

附表 3　建筑保温和外墙装饰、建筑内部装修验收检查记录表

单项名称	子项名称	内容和方法	要求	检查部位	检查数量	验收检查情况	子项评定 重要程度	子项评定 是否合格	单项评定
建筑保温及外墙装饰防火	建筑外墙和屋面保温	核查建筑的外墙及屋面保温系统的设置位置、设置形式，查阅报告，核对保温材料的燃烧性能					A		
	建筑外墙装饰	查阅有关防火性能的证明文件					B		
	装修情况	现场核对装修范围、使用功能					A		
	纺织物	查看有关防火性能的证明文件、施工记录	符合消防技术标准和消防设计文件要求				A		
	木质材料						A		
	高分子合成材料						A		
	复合材料						A		
	其他材料						A		
建筑内部装修防火	电气安装与装修	查看用电装置发热情况和周围材料的燃烧性能和防火隔热、散热措施					A		
	对消防设施影响	查看影响消防设施的使用功能	不应影响消防设施的使用功能				A		
	对疏散设施影响	查看安全出口、疏散出口、疏散走道数量、测量疏散宽度	不应妨碍疏散走道的正常使用，不应减少安全出口、疏散出口或疏散走道的设计疏散所需净宽度和数量				A		

消防验收人员：　　　　　　　　　　　　　　建设单位责任人：　　　　　　　　　　年　月　日

245

附表4 防火分隔、防烟分隔、防爆验收检查记录表

单项名称	子项名称	内容和方法	要求	检查部位	检查数量	验收检查情况	子项评定		单项评定
							重要程度	是否合格	
防火分隔	防火分区	核对防火分区位置、形式及完整性	符合消防技术标准和消防设计文件要求				A		
	防火墙	查看设置位置及方式、查看防火封堵情况					A		
		核查墙的燃烧性能					A		
	防火卷帘	查看设置类型、位置和防火封堵严密性、测试手动、自动控制功能					B		
		抽查防火卷帘，并核对其证明文件	与消防产品市场准入证明文件一致				B		
	防火门、窗	查看设置位置、类型、开启方式，核对设置数量，检查安装质量	符合消防技术标准和消防设计文件要求				B		
		测试常闭防火门的自闭功能，常开防火门的联动控制功能，闭门器、防火窗、窗的玻璃等					B		
		抽查防火门、防火窗，防火玻璃等，并核对其证明文件	与消防产品市场准入证明文件一致				B		
	竖向管道井	查看设置位置和检查门的设置					A		
		查看井壁的耐火极限、防火封堵严密性					A		
	其他有防火分隔要求的部位	查看窗间墙、窗槛墙、玻璃幕墙、防火墙两侧及转角处洞口等的设置、分隔设施和防火封堵					A		
防烟分隔	防烟分区	核对防烟分区设置位置、形式及完整性	符合消防技术标准和消防设计文件要求				B		
	分隔设施	查看防烟分隔材料燃烧性能、测试活动挡烟垂壁的下垂功能					C		
防爆	爆炸危险场所（部位）	查看设置形式、建筑结构、设置位置、分隔措施					B		
	泄压设施	查看泄压设施的设置					A		
		核对泄压口面积、泄压形式					C		
	电气防爆	核对防爆区电气设备的类型、标牌和合格证明文件					B		
	防静电、防积聚、防流散等措施	查看设置形式					A		

消防验收人员： 　　　　　　建设单位负责人： 　　　　　　　　年　月　日

附表 5　安全疏散、消防电梯验收检查记录表

单项名称	子项名称	内 容 和 方 法	要 求	检查部位	检查数量	验收检查情况	子项评定		单项评定
							重要程度	是否合格	
安全疏散	安全出口	查看设置形式、位置和数量	符合消防技术标准和消防设计文件要求				A		
		查看疏散楼梯间、前室的防烟措施					A		
		查看管道穿越疏散楼梯间、前室处及门、窗、洞口等防火分隔设置情况					A		
		查看地下室、半地下室与地上层共用楼梯的防火分隔					A		
		测量疏散宽度、建筑疏散距离、前室面积					A		
	疏散门	查看疏散门的设置位置、形式和开启方向					A		
		测量疏散门宽度					A		
		测试逃生门锁装置					B		
	疏散走道	查看设置位置					A		
		查看排烟条件					A		
		测量疏散宽度、疏散距离					A		
	避难层（间）	查看设置位置、形式、平面布置和防火分隔					C		
		测量有效避难面积					A		
		查看防烟条件					A		
		查看疏散楼梯、消防电梯设置					B		
	消防应急照明和疏散指示标志	查看类别、型号、数量、安装位置、间距					A		
		查看设置场所、测试应急功能及照度					B		
		查看特殊场所设置的保持视觉连续的灯光疏散指示标志或蓄光疏散指示标志					A		
		抽查消防应急照明、疏散指示、消防安全标志，并核对其证明文件	与消防产品市场准入证明文件一致				B		

附表 5（续）

单项名称	子项名称	内 容 和 方 法	要 求	检查部位	检查数量	验收检查情况	重要程度	是否合格	单项评定
消防电梯		查看设置位置、数量	符合消防技术标准和消防设计文件要求				A		
		查看前室门的设置形式，测量前室的面积					A		
	消防电梯	查看井壁及机房的耐火性能和防火构造等，测试消防电梯的联动功能					A		
		查看消防电梯载重量、电梯井内的防水排水，测试消防电梯的速度，专用对讲电话和专用电梯和专用电梯操作按钮					B		
		查看轿厢内装修材料	应为不燃材料				B		

消防验收人员：　　　　　　　建设单位负责人：　　　　　　　年 月 日

附表 6 消火栓系统检查记录表

单项名称	子项名称	内 容 和 方 法	要 求	检查部位	检查数量	验收检查情况	重要程度	是否合格	单项评定
消火栓系统	供水水源	查看天然水源的水量、水质、枯水期技术措施、消防车取水高度、取水设施（码头、消防车道）	符合消防技术标准和消防设计文件要求				A		
		查验市政供水管数量的进水管径、供水能力					B		
	消防水池	查看设置位置、水位显示与报警装置					B		
		核对有效容量					A		

248

附表 6（续）

单项名称	子项名称	内 容 和 方 法	要求	检查部位	检查数量	验收检查情况	重要程度	是否合格	单项评定
消火栓系统	消防水泵	查看工作泵、备用泵、吸水管、出水管及出水管上的泄压阀、水锤消除设施、截止阀、信号阀等的规格、型号、数量，吸水管、出水管上的控制阀锁定在常开位置，并有明显标识	符合消防技术标准和消防设计文件要求				B		
		查看吸水方式	自灌式引水或其他可靠的引水措施				B		
		测试水泵手动和自动启停	符合消防技术标准和消防设计文件要求				B		
		测试主、备电源切换和主、备泵启动、故障切换					A		
		查看消防水泵启动控制装置					C		
		测试水锤消除设施后的压力					B		
	消防给水设备	抽查消防泵组，并核对其证明文件	与消防产品市场准入证明文件一致				B		
		查看气压水罐的调节容量、稳压泵的规格、型号数量、管网连接	符合消防技术标准和消防设计文件要求				B		
		测试稳压泵的稳压功能					B		
		抽查消防气压给水设备、增压稳压给水设备等，并核对其证明文件	与消防产品市场准入证明文件一致				B		
	消防水箱	查看设置位置、水位显示与报警装置	符合消防技术标准和消防设计文件要求				B		
		核对有效容量					B		
		查看确保水量的措施、管网连接					B		

附表 6（续）

单项名称	子项名称	内容和方法	要求	检查部位	检查数量	验收检查情况	重要程度	是否合格	单项评定
消火栓系统	管网	核实管网结构形式、供水方式					B		
		查看管道的材质、管径、接头、连接方式及采取的防腐、防冻措施	符合消防技术标准和消防设计文件要求				A		
		查看管网组件：闸阀、截止阀、减压阀、柔性接头、排水管、泄压阀等的设置					B		
		查看数量、设置位置、标识					B		
		测试压力、流量					B		
		消防车取水口					B		
	室外消火栓及取水口	抽查室外消火栓、消防水带、消防枪等，并核对其证明文件	与消防产品市场准入证明文件一致				C		
		查看同层设置数量、间距、位置					B		
	室内消火栓	查看消火栓规格、型号	符合消防技术标准和消防设计文件要求				A		
		查看栓口设置					B		
		查看标识、消火栓箱组件	标识明显、组件齐全				C		
		抽查室内消火栓、消防水带、消防枪、消防软管卷盘等，并核对其证明文件	与消防产品市场准入证明文件一致				B		
	水泵接合器	查看数量、设置位置、标识，测试充水情况	符合消防技术标准和消防设计文件要求				B		

附表 6（续）

单项名称	子项名称	内容和方法	要求	检查部位	检查数量	验收检查情况	子项评定 重要程度	子项评定 是否合格	单项评定
消火栓系统	水泵接合器	抽查水泵接合器，并核对其证明文件	与消防产品市场准入证明文件一致				B		
	系统功能	测试压力，流量（有条件时应测试在模拟系统最大流量时最不利点压力）	流量，压力符合消防技术标准和消防设计文件要求				A		
		测试压力开关或流量开关自动启泵功能	应能启动消防水泵 水泵不能自动停止				B		
		测试消火栓箱启泵按钮报警信号	应有反馈信号显示				C		
		测试控制室直接启动消防水泵功能	应能启动消防水泵 有反馈信号显示				A		

消防验收人员：　　　　　　　　建设单位负责人：　　　　　　　　年　月　日

附表 7　自动喷水灭火系统检查记录表

单项名称	子项名称	内容和方法	要求	检查部位	检查数量	验收检查情况	子项评定 重要程度	子项评定 是否合格	单项评定
自动喷水灭火系统	供水水源	查看天然水源的水量，水质，枯水期技术措施，消防车取水高度，取水设施（码头，消防车道）	符合消防技术标准和消防设计文件要求				A		
		查验市政供水的进水管数量，管径，供水能力					B		
	消防水池	查看设置位置，水位显示与报警装置					B		
		核对有效容量					A		

附表7（续）

单项名称	子项名称	内 容 和 方 法	要求	检查部位	检查数量	验收检查情况	重要程度	是否合格	单项评定
自动喷水灭火系统	消防水泵	查看工作泵、备用泵、吸水管、出水管及出水管上的泄压阀、水锤消除设施、截止阀、信号阀等的规格、型号、数量，吸水管、出水管上的控制阀状态	符合消防设计文件要求和消防技术标准，吸水管、出水管上的控制阀锁定在常开位置，并有明显标识				B		
		查看吸水方式	自灌式引水或其他可靠的引水措施				B		
		测试水泵启停	符合消防技术标准和消防设计文件要求				B		
		测试主、备电源切换和主、备泵启动、故障切换					A		
		查看消防水泵启动控制装置					C		
		测试水锤消除设施后的压力					B		
	气压给水设备	抽查消防泵组，并对其证明文件	与消防产品市场准入证明文件一致				B		
		查看气压罐的调节容量、稳压泵的规格、型号数量，管网连接	符合消防技术标准和消防设计文件要求				B		
		测试稳压泵的稳压功能					B		
		抽查消防气压给水设备、增压稳压给水设备等，并核对其证明文件	与消防产品市场准入证明文件一致				B		
	消防水箱	查看设置位置					B		
		核对设置容量					B		
		查看补水措施					B		
		查看确保水量的措施，管网连接	符合消防技术标准和消防设计文件要求				C		

附表 7（续）

单项名称	子项名称	内容和方法	要求	检查部位	检查数量	验收检查情况	子项评定 重要程度	子项评定 是否合格	单项评定
		查看设置位置及组件	位置正确，组件齐全并符合产品要求				B		
		测试系统流量，压力	系统流量，压力符合消防技术标准和消防设计文件要求				A		
自动喷水灭火系统	报警阀组	查看水力警铃设置是否在有人值守位置，测试水力警铃喷嘴压力及警铃声强	位置正确，水力警铃处压力及警铃声强符合消防技术标准要求				B		
		测试雨淋阀	打开手动试水阀或电磁阀，雨淋阀组动作可靠				B		
		查看控制阀状态	锁定在常开位置				C		
		测试压力开关动作后，消防水泵及联动设备的启动、信号反馈	符合消防技术标准和消防设计文件要求				A		

附表 7（续）

单项名称	子项名称	内容和方法	要求	检查部位	检查数量	验收检查情况	子项评定 重要程度	子项评定 是否合格	单项评定
自动喷水灭火系统	报警阀组	排水设施设置情况	房间内装有便于使用的排水设施				B		
		抽查报警阀，并核对其证明文件	与消防产品市场准入证明文件一致				B		
		核实管网结构形式、供水方式					B		
		查看管道的材质、管径、接头、连接方式及采取的防腐、防冻措施					B		
		查看管网排水坡度及辅助排水设施					C		
		查看系统中的末端试水装置、试水阀、排气阀					C		
	管网	查看管网组件：闸阀、单向阀、电磁阀、信号阀、水流指示器、减压孔板、节流管、减压阀、柔性接头、排气阀、泄压阀等的设置	符合消防技术标准和消防设计文件要求				B		
		测试干式系统、预作用系统的管道充水时间					B		
		查看配水支管、配水管、配水干管设置的支、吊架和防晃支架					C		
		抽查消防闸阀、球阀、蝶阀、电磁阀、截止阀、信号阀、单向阀、水流指示器、末端试水装置等，并核对其证明文件	与消防产品市场准入证明文件一致				C		

附表 7（续）

单项名称	子项名称	内 容 和 方 法	要求	检查部位	检查数量	验收检查情况	子项评定 重要程度	子项评定 是否合格	单项评定
自动喷水灭火系统	喷头	查看设置场所、规格、型号、公称动作温度、响应指数	符合消防技术标准和消防设计文件要求				A		
		查看喷头安装间距、喷头与楼板、墙、梁等障碍物的距离					B		
		查看有腐蚀性气体的环境和有冰冻危险场所安装的喷头	应采取防护措施				C		
		查看有碰撞危险场所所安装的喷头	应增设防护罩				C		
		查看备用喷头	各种不同规格的喷头均应有备用品，其数量不应小于安装总数的 1%，且每种备用喷头不应少于 10 个				C		
		抽查喷头，并核对其证明文件	与消防产品市场准入证明文件一致				B		
	水泵接合器	查看数量、设置位置、标识，测试充水情况	符合消防技术标准和消防设计文件要求				B		
		抽查水泵接合器，并核对其证明文件	与消防产品市场准入证明文件一致				C		

255

附表 7（续）

单项名称	子项名称	内 容 和 方 法	要求	检查部位	检查数量	验收检查情况	子项评定			单项评定
							重要程度	是否合格		
		测试报警阀、水力警铃动作情况	报警阀动作，水力警铃应鸣响				C			
		测试水流指示器动作情况	应有反馈信号显示				C			
		测试压力开关动作情况	打开试水阀放水，压力开关应动作，并有反馈信号显示				A			
自动喷水灭火系统	系统功能	测试雨淋阀动作情况	电磁阀打开，雨淋阀应开启，并有反馈信号显示				A			
		测试消防水泵的远程手动、压力开关连锁启动情况	应启动消防水泵，并应有反馈信号显示				A			
		测试干式系统加速器动作情况	应有反馈信号显示				B			
		测试其他联动控制设备启动情况					B			

消防验收人员：_____ 　　建设单位负责人：_____

年　月　日

附表 8 火灾自动报警系统验收检查记录表

单项名称	子项名称	内容和方法	要求	检查部位	检查数量	验收检查情况	子项评定 重要程度	子项评定 是否合格	单项评定
火灾自动报警系统	系统形式	查看系统的设置形式	符合消防技术标准和消防设计文件要求				A		
		测试其报警功能					A		
	火灾探测器	查看设置位置					C		
		查看规格、选型、短路隔离器的设置					B		
		核对同区域数量					B		
		抽查火灾探测器、可燃气体探测器、手动火灾报警按钮、消火栓按钮等，并核对其证明文件	与消防产品市场准入证明文件一致				B		
	消防通讯	测试消防电话通话功能	符合消防技术标准和消防设计文件要求				B		
		查看消防电话设置位置、核对数量					C		
		测试外线电话					B		
		抽查消防电话，并核对其证明文件	与消防产品市场准入证明文件一致				C		
	布线	查看其线缆选型、敷设方式及相关防火保护措施	符合消防技术标准和消防设计文件要求				B		
		功能实验					B		
	应急广播及警报装置	查看设置位置、核对同区域数量					C		
		抽查消防应急广播设备、火灾警报装置，并核对其证明文件	与消防产品市场准入证明文件一致				C		

附表 8（续）

单项名称	子项名称	内容和方法	要求	检查部位	检查数量	验收检查情况	重要程度	是否合格	单项评定
火灾自动报警系统	火灾报警控制器、联动设备及消防控制室图形显示装置	查看设备选型、规格	符合消防技术标准和消防设计文件要求				B		
		查看设备布置					C		
		查看设备的打印、显示、声报警、光报警功能	准和消防设计文件要求				A		
		查看对相关设备联动控制功能					A		
		消防电源及主、备切换	符合消防技术标准和消防设计文件要求，自动切换功能能正常				A		
		消防电源监控器的安装					C		
		抽查消防联动控制器、火灾报警控制器、消防控制室图形显示装置，火灾显示盘、消防电气控制装置、消防电动装置、消防设备应急电源等，并核对其证明文件	与消防产品市场准入证明文件一致				B		
	系统功能	故障报警	显示位置准确，有声、光报警并打印				B		
		探测器报警，手动报警	显示位置准确，有声、光报警并报警打印，启动相关联动设备，有反馈信号				A		
		测试设备联动控制功能	联动逻辑关系和联动执行情况符合消防技术标准和消防设计文件要求				A		

消防验收人员：_____ 建设单位负责人：_____

年　月　日

附表9 防烟排烟系统及通风、空调系统防火验收检查记录表

单项名称	子项名称	内容和方法	要求	检查部位	检查数量	验收检查情况	重要程度	是否合格	单项评定
防烟排烟系统及通风、空调系统防火	系统设置	查看系统的设置形式	符合消防技术标准和消防设计文件要求				A		
	自然排烟	查看设置位置					B		
		查看外窗开启方式，数量、形式					B		
	机械排烟正压送风	查看设置位置和复位					B		
		电动、手动开启和复位					B		
		查看设置位置和数量					B		
	排烟风机	查看种类、规格、型号					C		
		查看供电情况	有主备电源，自动切换正常				B		
		测试功能	启停控制正常，有信号反馈，复位正常				A		
		抽查排烟风机，并核对其证明文件	与消防产品市场准入证明文件一致				B		
	管道	管道布置、材质及保温材料	符合消防技术标准和消防设计文件要求				A		
		查看设置位置、型号					B		
	防火阀排烟防火阀	查验设置数量					C		
		测试功能	关闭和复位正常				C		
		抽查防火阀，排烟防火阀，并核对其证明文件	与消防产品市场准入证明文件一致				C		
	系统功能	测试远程直接启动风机	正常启停，并有信号反馈				A		
		测试风机的联动启动、电动防火阀、电动排烟窗、排烟、送风口测试，查看风口气流方向，实测风速，楼梯间、前室，合用前室余压	动作正确				B		
		测试风口、防火阀、排烟窗等信号反馈	符合消防技术标准和消防设计文件要求				B		

消防验收人员：　　　　　建设单位负责人：　　　　　年　月　日

附表 10 消防电气验收检查记录表

单项名称	子项名称	内 容 和 方 法	要 求	验收检查情况	子项评定 重要程度	子项评定 是否合格	单项评定
消防电气	消防电源	查验消防负荷等级、供电形式	符合消防技术标准和消防设计文件要求		A		
	备用发电机	查验备用发电机规格、型号及功率			B		
		查看设置位置及燃料配备	设计文件要求		C		
		测试应急启动发电机	启动时间符合消防技术标准和消防设计文件要求，且运行正常		B		
	柴油发电机房	查看设置位置、耐火等级、防火分隔、疏散门等建筑防火要求	符合消防技术标准和消防设计文件要求		A		
		测试应急照明	正常照度		A		
	变配电房	查看储油间的设置	符合消防技术标准和消防设计文件要求		A		
		查看设置位置、耐火等级、防火分隔、疏散门等建筑防火要求			A		
		测试应急照明	正常照度		A		
	其他备用电源	EPS 或 UPS 等			B		
	消防配电	查看消防用电设备是否设置专用供电回路	符合消防技术标准和消防设计文件要求		A		
		查看消防用电设备的配电箱及配电末端切换装置及断路器设置			A		
		查看配电线路敷设及防护措施			A		
	用电设施	查看架空线路与保护对象的间距			A		
		开关、灯具等装置的发热情况和隔热、散热措施	设计文件要求		A		
	电气火灾监控系统	电气火灾监控系统的设置			C		
		抽查电气火灾监控探测器，并核对其证明文件	与消防产品市场准入证明文件一致		C		

消防验收人员： _____   建设单位负责人： _____

年 月 日

附表 11 建筑灭火器验收检查记录表

单项名称	子项名称	内 容 和 方 法	要求	检查部位	检查数量	验收检查情况	子项评定 重要程度	子项评定 是否合格	单项评定
建筑灭火器	配置	查看灭火器类型、规格、灭火级别和配置数量	符合消防技术标准和消防设计文件要求				A		
		抽查灭火器,并核对其证明文件	与消防产品市场准入证明文件一致				B		
	布置	测量灭火器点间距离	符合消防技术标准和消防设计文件要求				A		
		查看灭火器设置点位置、摆放和使用环境					B		
		查看设置点的设置数量					B		

消防验收人员: 建设单位负责人: 年 月 日

附表 12 其他灭火设施验收检查记录表

单项名称	子项名称	内 容 和 方 法	要求	检查部位	检查数量	验收检查情况	子项评定 重要程度	子项评定 是否合格	单项评定
泡沫灭火系统	泡沫灭火系统防护区选型	查看保护对象的设置位置、性质、环境温度、核对系统	符合消防技术标准和消防设计文件要求				A		
		查看设置位置					C		
	泡沫储罐	查验泡沫灭火剂种类和数量					B		
		抽查泡沫灭火剂,并核对其证明文件	与消防产品市场准入证明文件一致				C		

附表 12（续）

单项名称	子项名称	内容和方法	要求	检查部位	检查数量	验收检查情况	重要程度	是否合格	单项评定
泡沫灭火系统	泡沫比例混合、泡沫发生装置	查看其规格、型号	符合消防技术标准和消防设计文件要求				A		
		查看设置位置及安装					C		
		抽查泡沫灭火设备，并核对其证明文件	与消防产品市场准入证明文件一致				B		
	系统功能	查验喷泡沫试验记录，核对中、低倍泡沫灭火系统泡沫混合液的混合比和发泡倍数					B		
		查验喷泡沫试验记录，核对中、低倍泡沫灭火系统泡沫混合液的混合比和泡沫供给速率					B		
气体灭火系统	防护区	查看保护对象设置位置、划分、用途、环境温度、通风及可燃物种类					B		
		估算防护区几何尺寸、开口面积	符合消防技术标准和消防设计文件要求				C		
		查看防护区围护结构耐压、耐火极限和门窗自行关闭情况					B		
		查看疏散通道、标识和应急照明					C		
		查看出入口处声光警报装置设置和安全标志					C		
		查看排气或泄压装置设置					C		
		查看专用呼吸器具配备					C		
	储存装置间	查看设置位置					B		
		查看通道、应急照明设置					B		
		查看其他安全措施					C		

附表 12（续）

单项名称	子项名称	内容和方法	要求	检查部位	检查数量	验收检查情况	子项评定		单项评定
							重要程度	是否合格	
气体灭火系统	灭火剂储存装置	查看储存容器数量、型号、规格、位置、固定方式、标志	符合消防技术标准和消防设计文件要求				C		
		查验灭火剂充装量、压力、备用量					C		
		抽查气体灭火剂，并核对其证明文件	与消防产品市场准入证明文件一致				C		
	驱动装置	查看集流管的材质、规格、连接和布置	符合消防技术标准和消防设计文件要求				B		
		查看选择阀及信号反馈装置规格、型号、位置和标志					C		
		查看驱动装置规格、型号、数量和标志，驱动气瓶的充装量和压力					B		
		查看驱动气瓶和选择阀的应急手动操作处标志					C		
	管网	抽查管道及附件材质，并核对其证明文件	与消防产品市场准入证明文件一致				B		
		查看管道及附件的支、吊架设置	符合消防技术标准和消防设计文件要求				B		
		其他防护措施					C		
	喷嘴	查看规格、型号和安装位置、方向					C		
		核对设置数量					B		
	系统功能	测试主、备电源切换	自动切换正常				B		
		测试灭火剂主、备用量切换	切换正常				C		
		模拟自动启动系统	电磁阀、选择阀动作正常，有信号反馈				A		

消防验收人员：　　　　　　　　　　　建设单位负责人：　　　　　　　　　　年　月　日

263

参 考 文 献

[1] 中华人民共和国住房和城乡建设部，中华人民共和国国家质量技术监督检验检疫总局．GB 50016—2014 建筑设计防火规范（2018 年版）［S］．北京：中国计划出版社，2018．

[2] 中华人民共和国住房和城乡建设部，中华人民共和国国家质量技术监督检验检疫总局．GB 50974—2014 消防给水及消火栓系统技术规范［S］．北京：中国计划出版社，2014．

[3] 中华人民共和国建设部，中华人民共和国国家质量技术监督检验检疫总局．GB 50347—2004 干粉灭火系统设计规范［S］．北京：中国标准出版社，2004．

[4] 中华人民共和国国家质量监督检验检疫总局，中国国家标准化管理委员会．GB 16668—2010 干粉灭火系统及部分通用技术条件［S］．北京：中国标准出版社，2010．

[5] 中华人民共和国公安部．GA 61—2010 固定灭火系统驱动、控制装置通用技术标准［S］．北京：中国质检出版社，2010．

[6] 中国工程建设标准化协会．CECS 322：2012 干粉灭火装置技术规程［S］．北京：中国计划出版社，2012．

[7] 中华人民共和国建设部，中华人民共和国国家质量技术监督检验检疫总局．GB 50370—2005 气体灭火系统设计规范［S］．北京：中国计划出版社，2006．

[8] 中华人民共和国住房和城乡建设部，中华人民共和国国家质量技术监督检验检疫总局．GB 50193—1993 二氧化碳灭火系统设计规范（2010 年版）［S］．北京：中国计划出版社，2010．

[9] 中华人民共和国住房和城乡建设部，中华人民共和国国家质量技术监督检验检疫总局．GB 50116—2013 火灾自动报警系统设计规范［S］．北京：中国计划出版社，2013．

[10] 中华人民共和国住房和城乡建设部，中华人民共和国国家质量技术监督检验检疫总局．GB 50166—2007 火灾自动报警系统施工及验收规范［S］．北京：中国计划出版社，2007．

[11] 中华人民共和国住房和城乡建设部，中华人民共和国国家质量技术监督检验检疫总局．GB 50084—2017 自动喷水灭火系统设计规范［S］．北京：中国计划出版社，2017．

[12] 中华人民共和国住房和城乡建设部，中华人民共和国国家质量技术监督检验检疫总局．GB 50261—2017 自动喷水灭火系统施工及验收规范［S］．北京：中国计划出版社，2017．

[13] 中华人民共和国住房和城乡建设部，中华人民共和国国家质量技术监督检验检疫总局．GB 50052—2009 供配电系统设计规范［S］．北京：中国计划出版社，2010．

[14] 中华人民共和国建设部．JGJ 16—2008 民用建筑电气设计规范［S］．北京：中国建筑工业出版社，2008．

[15] 中华人民共和国住房和城乡建设部，中华人民共和国国家质量技术监督检验检疫总局．GB 50058—2014 爆炸危险环境电力装置设计规范［S］．北京：中国计划出版社，2014．

[16] 中华人民共和国住房和城乡建设部，中华人民共和国国家质量技术监督检验检疫总局．

GB 50303—2015 建筑电气工程施工质量验收规范［S］. 北京：中国计划出版社，2016.

［17］ 中华人民共和国住房和城乡建设部，中华人民共和国国家质量技术监督检验检疫总局. GB 50617—2010 建筑电气照明装置施工与验收规范［S］. 北京：中国计划出版社，2011.

［18］ 中华人民共和国国家质量监督检验检疫总局，中国国家标准化管理委员会. GB 14287.1—2014 电气火灾监控系统　第 1 部分：电气火灾监控设备［S］. 北京：中国标准出版社，2014.

［19］ 中华人民共和国国家质量监督检验检疫总局，中国国家标准化管理委员会. GB 14287.2—2014 电气火灾监控系统　第 2 部分：剩余电流式电气火灾监控探测器［S］. 北京：中国标准出版社，2014.

［20］ 中华人民共和国国家质量监督检验检疫总局，中国国家标准化管理委员会 .GB 14287.3—2014 电气火灾监控系统　第 3 部分：测温式电气火灾监控探测器［S］. 北京：中国标准出版社，2014.

［21］ 中华人民共和国国家质量监督检验检疫总局，中国国家标准化管理委员会 .GB 14287.4—2014 电气火灾监控系统　第 4 部分：故障电弧探测器［S］. 北京：中国标准出版社，2014.

［22］ 中华人民共和国住房和城乡建设部，中华人民共和国国家质量技术监督检验检疫总局. GB 50257—2014 电气装置安装工程　爆炸和火灾危险环境电气装置施工及验收规范［S］. 北京：中国计划出版社，2015.

［23］ 北京市质量技术监督局 . DB 11/065—2010 北京市电气防火检测技术规范［S］.

［24］ 中华人民共和国建设部，中华人民共和国国家质量技术监督检验检疫总局 . GB 50140—2005 建筑灭火器配置设计规范［S］. 北京：中国计划出版社，2005.

［25］ 中华人民共和国住房和城乡建设部，中华人民共和国国家质量技术监督检验检疫总局. GB 50444—2008 建筑灭火器配置验收及检查规范［S］. 北京：中国计划出版社，2008.

［26］ 中华人民共和国住房和城乡建设部，中华人民共和国国家质量技术监督检验检疫总局. GB 50219—2014 水喷雾灭火系统技术规范［S］. 北京：中国计划出版社，2015.

［27］ 中华人民共和国住房和城乡建设部，中华人民共和国国家质量技术监督检验检疫总局. GB 50898—2013 细水雾灭火系统技术规范［S］. 北京：中国计划出版社，2015.

［28］ 中华人民共和国住房和城乡建设部，中华人民共和国国家质量技术监督检验检疫总局. GB 51251—2017 建筑防烟排烟系统技术标准［S］. 北京：中国计划出版社，2018.

［29］ 中华人民共和国公安部 . GA 836—2016 建设工程消防验收评定规则［S］. 北京：中国标准出版社，2016.

［30］ 中国消防协会 . 注册消防工程师资格考试辅导教材［M］. 北京：中国人事出版社，2019.

［31］ 陈南，蒋慧灵 . 电气防火及火灾监控［M］. 北京：中国人民公安大学出版社，2014.